中国国家博物馆
展览系列丛书

科技的力量

高 政 主编

北京时代华文书局

中国要强盛、要复兴，就一定要大力发展科学技术，努力成为世界主要科学中心和创新高地。我们比历史上任何时期都更接近中华民族伟大复兴的目标，我们比历史上任何时期都更需要建设世界科技强国！

坚持创新在我国现代化建设全局中的核心地位，把科技自立自强作为国家发展的战略支撑，面向世界科技前沿、面向经济主战场、面向国家重大需求、面向人民生命健康，深入实施科教兴国战略、人才强国战略、创新驱动发展战略，完善国家创新体系，加快建设科技强国。

中国国家博物馆展览系列丛书 —— 科技的力量

图录编辑委员会

主　　编：高　政
副 主 编：杨　帆
执行主编：张伟明
编　　委：高　政　杨　帆　陈成军
　　　　　丁鹏勃　陈　莉　张伟明

图录项目组

项目统筹：胡　妍　赵　永　张维青
编　　辑：张维青　乐日乐　贾　浩
撰　　稿：张维青　乐日乐　贾　浩
　　　　　田　田　张舒情　张林鹏
　　　　　段资瑞　耿　瑄　陈丽娟
编　　务：石　干　孙曦萌　王小文
装帧设计：王宇洁　李　磊
展品拍摄：张赫然　马腾飞　李　洋
　　　　　苑　雯　齐　晨
数据支持：张伽琳

中国国家博物馆展览系列丛书——科技的力量

中国国家博物馆策展团队

学术顾问：孙　机　武　力

策 展 人：张维青

策展助理：乐日乐　贾　浩　田　田

大纲撰写：张维青　乐日乐　贾　浩　田　田　张舒情
　　　　　张林鹏　段资瑞

内容设计：张维青　乐日乐　贾　浩　孙曦萌

形式设计：王宇洁　李　磊　杨　恒　刘　洋　许　昕

地图绘制：黄玉成　张　洁

展览协调：石　干

施工制作：付志银

文物加固：郭梦江　杨志洪　沙明建　郭友谊

布展协助：张瑞晨　杨　阳　耿　瑄　陈丽娟　王珊珊
　　　　　张永梅　李少华　王琳琳　张　丹　孙梦颖

藏品保障：王小文　许钰函

文物保护：赵作勇

新闻宣传：石静涛

翻　　译：夏美芳　陈一祎

社会教育：赵梦阳

数据保障：戴　迪　戴　敏

多 媒 体：李华新

设备保障：王卫军

安全保障：朱　岩

后勤保障：王著群

财务保障：刘子硕

目　录

前 言

科技是国家强盛之基，创新是民族进步之魂，科技自立自强是国家发展的战略支撑。自古以来，科学技术就以一种不可逆转、不可抗拒的力量推动着人类社会向前发展。中华民族曾创造了灿烂的古代文明，取得了辉煌的古代科技成就，为世界科技进步作出重大贡献；也经历过落后于时代的屈辱挫折，在学习先进科学技术的过程中艰难地走向复兴。新中国成立以来特别是改革开放以来，中国的科技发展取得举世瞩目的伟大成就，建立起系统完整的现代工业体系，走过了发达国家几百年的工业化历程，创造了人类发展史上的奇迹，充分证明科学技术是第一生产力。中国国家博物馆充分发挥体系化收藏的突出优势，深入挖掘馆藏资源，举办此专题展览，就是要让文物说话、让历史说话，系统展示中华民族勇于创新、善于创造的壮阔历程，突出展现科学技术进步与经济社会发展的内在联系，深刻阐释创新是中华民族最深沉的民族禀赋。

本次展览内容上起甲骨文中的日食记录和干支表，下至"墨子号"量子科学实验卫星等当代科技成就，是中国国家博物馆推出的首个中国科学技术通史专题展览，也是在特定专业领域系统展示中华优秀传统文化、革命文化和社会主义先进文化代表性物证的重要探索。展览分为格物穷理、天工开物、西风东渐、走向复兴四个部分，共计展出文物400余件（套）、模型50余件，辅以图片图表、多媒体展示和互动项目，提纲挈领地勾勒出从古至今中国科学技术与工业发展历程的基本脉络，着重展示不同时期的发展特点及突出成就。本次展览展出的多件（套）近年新征集文物，是国家博物馆着力反映新中国科学研究和产业技术发展历程的最新尝试。

习近平总书记突出强调，纵观人类发展历史，创新始终是一个国家、一个民族发展的重要力量，也始终是推动人类社会进步的重要力量。中国国家博物馆作为代表国家收藏、研究、展示、阐释反映中华优秀传统文化、革命文化和社会主义先进文化代表性物证的最高机构，高度重视收藏和展示反映重大科技创新成果的代表性物证，努力成为传播科学精神、弘扬科学家精神、提高公民科学文化素养的重要殿堂。衷心希望广大观众通过本次展览能够更加系统完整地了解中国古代科学技术的辉煌成就、深刻感受中华民族伟大的创新创造精神，更加系统完整地了解中国现代科学技术与工业发展的艰辛历程，珍惜来之不易的发展成果，进一步增强民族自豪感和自信心，充分激发创造热情和创新活力，为建设科技强国、实现高水平科技自立自强、实现中华民族伟大复兴中国梦作出新的更大贡献。

格物穷理

中华民族是一个具有非凡创造力和探索精神的民族。在漫长的历史发展长河中，我们的祖先始终在不停地认识自然、利用自然、改造自然，在天文学、数学、农学、医学等学科领域取得了令人瞩目的成绩，发展形成一种不同于古埃及、古希腊以及中世纪阿拉伯国家的独具特色的古代科学技术体系，对中华民族繁衍生息、中国社会的发展作出了不可磨灭的贡献。有的成果还远播世界各地，对于推动人类文明的进步产生了极为深刻的影响。

观象授时

中国是世界上天文学发展最早的国家之一。早在新石器时代，先民们就开始了对日、月等天象进行观察。随着社会的进步，天文学得到迅速发展，不但创造出简仪等先进的天文观测仪器，还留下了世界最早的日食、太阳黑子、哈雷彗星、超新星等天象记录，制定了世界现存最早的恒星表，编制出先进的历法，长期处于世界领先地位。

◇ 天象记录 ◇

　　传统文化的"天人合一"的观念，使中国古代对各种天象非常重视，留下了世界上最早的日食、太阳黑子、哈雷彗星、超新星等天象记录，这些精确、丰富的记录对现代天文学研究具有很高的应用价值，被视为全人类珍贵的科学遗产。

日食甲骨

商（约前 1600 年—前 1046 年）
中国国家博物馆藏

　　这件卜骨记录了商代晚期的一次重要天象——日月频食。在南分和正京北两地接连发生了日食和月食，这是有关日食的较早记录之一。

○ 历法 ○

　　中国古代的历法是兼顾朔望月与太阳年的阴阳合历，精确度较高。古代历法起源于商代以前，后来又逐步改进，经过天文学家祖冲之、僧一行、郭守敬等人的研究，到清代，中国的历法已臻完善，对天文学的研究和农业生产的进行有着很大贡献。

刻干支表牛骨

商（约前 1600 年—前 1046 年）
中国国家博物馆藏

　　此骨正面刻辞共三列，自甲子至癸巳，为完整干支表的一半。干支是中国古代重要的符号系统，主要用于纪时，也用于表示方位。商代纪日仿效夏代，将十天干与十二地支配合，组成甲子、乙丑、丙寅等六十干支，依次纪日，六十天一个循环。殷墟甲骨文表明，至迟从公元前 13 世纪的商代后期开始，干支已普遍用于纪日。此牛骨所刻即当时的干支表。干支纪日法从商代后期一直连续使用到今天。

错金干支仪

战国（前 475 年—前 221 年）
中国国家博物馆藏

这是古代计算干支、用来占卜与计日的仪器。上有环纽，共十二面，每面上端有一小孔。器分两层，上层为地支名，下层为天干名，均为倒书。使用时将环纽朝下，转动上下两层，取所需之日，对好后，用销钉插入环面上的小孔加以固定。

释文：癸壬辛庚己戊丁丙乙甲
亥戌酉申未午巳辰卯寅丑子

◇ 天文仪器 ◇

　　中国古代天文仪器起源甚早，至迟在公元前15世纪，周人已能立表定向。中国古代天文仪器按照用途不同，可分为观测和演示天体位置和运行的浑仪、浑象，测量日月运行周期的圭表，守时用的漏刻等计时仪器，以及集多种功能于一身的水运仪象台等综合仪器。各种天文观测仪器的研制成功把我国古代天文学推向发展高峰。

土圭（模型）

中国国家博物馆藏

　　圭表是中国古代重要的天文仪器，周人即已用土圭测量日影长度，测定冬至、夏至和一年四季。土圭包括圭和表两大部分：表是直立的标杆，圭是平卧的尺或盘。由于不同季节太阳在正午时分的高度角不同，表投在圭上的影长也随之不同。在北回归线以北到北极圈以南的地区，正午时分太阳永在正南方向，冬至日太阳高度角最低、表影最长，夏至日相反。早期的圭表，标杆立在圭盘正中，同圭盘相互垂直，后来又出现了尺状圭。

沉箭式铜漏壶（复制品）

西汉（前202年—8年）
1968年河北满城1号墓出土
中国国家博物馆藏

　　漏壶是中国古代一种计时器。沉箭式漏壶提梁与壶盖正中有相对的长方形孔洞，用以安插刻有时辰线的沉箭，壶外近底处有一小流管（已残失）。壶中贮水，从流管慢慢滴出，壶中水位下降，观测沉箭上的水位来确定时间。

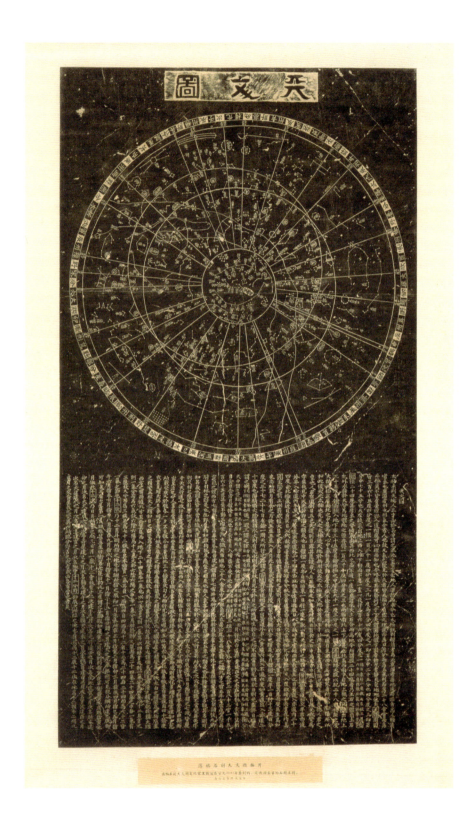

天文图碑拓片

南宋淳祐七年（1247年）刻
中国国家博物馆藏

　　此图为南宋制图学家黄裳根据北宋元丰年间（1078年—1085年）的一次恒星观测资料绘制而成，于淳祐七年（1247年）刻在石碑上，是现存星数最多的古代星图，多达1434颗星，还绘有赤道、黄道、二十八宿区线以及银河的界线。

简仪（模型）

中国国家博物馆藏

　　简仪是由元代天文学家郭守敬创制的，因革新简化了唐、宋两代结构复杂的浑仪，故名。中国传统浑仪环圈众多，易相互遮蔽天区，运转不够灵便，且安装众多同心环圈在技术上也很困难。简仪保留了最基本的环圈，将其分开安装成两组，且以窥衡替代传统的窥管。窥衡是两端各有一根细线的铜条，观测时，令两细线与天体处于一个平面内，以提高仪器的照准精度。300年后，丹麦天文学家第谷才在欧洲采用同样的装置。

大哉言数

数学是中国古代知识体系中的一门重要学科。中国在世界上最早采用十进位值制记数法，以算筹为运算工具，形成了以计算为中心、长于归纳算法、注重理论联系实际的独特风格。传统数学萌发于远古至西周时期，春秋至东汉时期确立了框架，东汉末至唐中叶完成了理论体系，在唐中叶至元代中期达到全盛。在盈不足术、勾股容圆、线性方程组及解法、增乘开方法、垛积术、天元术、四元术、一次同余方程组解法等领域都取得了领先世界的成就，涌现了很多具有崇高地位的数学家和数学论著。

○ 九九乘法表 ○

释文：

九九八十一
八九七十二
七九六十三
六九五十四
五九卌五
四九卅六
三九廿七
二九十八

八八六十四
七八五十六
六八卌八
五八卌
四八卅二
三八廿四
二八十六

七七卌九
六七卌二
五七卅五
四七廿八
三七廿一
二七十四

六六卅六
五六卅
四六廿四
三六十八
二六十二

五五廿五
四五廿
三五十五
二五十

四四十六
三四十二
二四而八

三三而九
二三而六

二二而四

一二而二

二半而一

"九九表"秦简（复制品）

秦（前221年—前207年）
2002年湖南湘西土家族苗族自治州龙山里耶古城
1号井出土
里耶秦简博物馆藏

"九九表"秦简是目前我国发现最早、最完整的乘法口诀表实物，它说明早在秦时，古人就已经熟练掌握乘法交换律，并把它用于社会生活所需的各种计数中。

嵌银乌木算筹

清（1644年—1911年）
中国国家博物馆藏

算筹是中国古人发明的一种数学工具，一般认为约公元前5世纪已开始使用。算筹摆法有纵式和横式两种。在记数时，个位用纵式、十位用横式，纵横相间，不会错位，空位时空一格表示，是典型的十进位值制记数法。算筹能进行整数和分数的四则及开方运算，而且能布列筹式以表示许多复杂的内容。其简便快捷的优点，造就了中国古代数学长于算法的特点。

纵 向	│	║	║║	║║║	║║║║	⊤	⊤	⊤⊤	⊤⊤⊤
横 式	─	═	≡	≣	≣≣	⊥	⊥	⊥⊥	⊥⊥⊥
阿拉伯数字	1	2	3	4	5	6	7	8	9

始建国元年卡尺

新朝（9年—23年）
中国国家博物馆藏

　　此铜卡尺是世界上最早的滑动卡尺，铸
造于新朝王莽始建国元年（9年），由固定尺
和活动尺两部分组成，两尺通过导槽、导销、
组合套等部件嵌合在一起，后者可以在前者
上平行滑动。两尺上都有刻度，且在一端都
有一个L形的卡爪。当两卡爪并拢时，两尺
上的刻度基本对齐。将器物置于卡尺两卡脚
之间，或用卡脚分别抵住器物的内缘两边，
易于读出准确的直径或内径读数。

○　始建国元年卡尺与现代游标卡尺对比　○

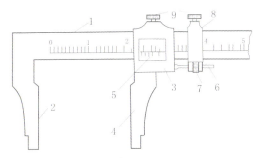

现代游标卡尺结构图

1.主尺　2.固定卡爪　3.游标架　4.活动卡爪
5.游标尺　6.千分螺丝　7.调节螺帽　8.滑块
9.固定螺丝

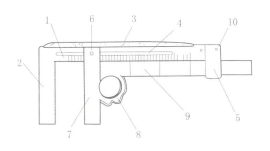

始建国元年卡尺结构图

1.固定尺　2.固定卡爪　3.鱼形柄　4.导槽
5.组合套　6.导销　7.活动卡爪　8.拉手
9.活动尺　10.铆钉

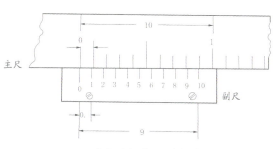

1/10毫米游标卡尺刻线原理

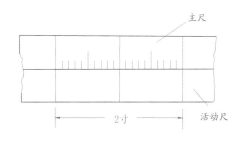

始建国元年卡尺刻线原理

春种秋收

中国是世界农作物起源中心地之一。中国先民最先培育出水稻、粟等粮食作物，并在长期的农业耕种实践中，不断改进耕作技术、改良农具，发明了耧车、水碓等先进的农业生产和加工工具，并将几千年农耕积累的丰富经验归纳总结，留下《氾胜之书》《齐民要术》《王祯农书》《农政全书》等农学著作，对世界农业发展产生了深远影响。

炭化稻谷

新石器时代（约 1 万年前—约前 21 世纪）
1970 年浙江余姚河姆渡遗址出土
中国国家博物馆藏

　　中国是栽培稻的起源地之一，栽培历史达 8000 年。河姆渡遗址出土的稻谷遗存年代约为公元前 5000 年，主要属于籼稻种晚稻型水稻，也有粳稻和中间类型。

粟粒

新石器时代（约 1 万年前—约前 21 世纪）
中国国家博物馆藏

　　粟是起源于中国或东亚的古老作物，栽培历史悠久，是新石器时代黄河流域主要的栽培作物。唐代以前，粟一直是中国北方民众的主食之一，通称小米或谷子。

骨耜使用示意图

骨耜

新石器时代（约 1 万年前—约前 21 世纪）
1970 年浙江余姚河姆渡遗址出土
中国国家博物馆藏

　　骨耜用偶蹄类动物的肩胛骨制成，上端厚而窄，是柄部，下端薄而宽，是刃部。柄部凿一横孔，刃部凿两竖孔。横孔插入一根横木，用藤条捆绑固定。两竖孔中间安上木柄（耒），再用藤条捆绑固定。使用时，手持骨耜上的木柄，用脚踏插入横孔的木棍，推耜入土，然后手腕一翻，将土掀起。与石器相比，骨耜轻便灵巧、表面光滑、不易沾泥，适宜在江南水田使用，既能减轻劳动强度，又能提高劳动效率，是河姆渡文化的典型农具。

石镰

新石器时代（约 1 万年前—约前 21 世纪）
1978 年河南新郑裴李岗 AM19 出土
中国国家博物馆藏

　　石镰是一种收割工具，它的出现既提高了收割速度，也使秸秆可以得到利用。

石磨盘、石磨棒

新石器时代（约 1 万年前—约前 21 世纪）
1978 年河南新郑裴李岗 TM18 出土
中国国家博物馆藏

　　石磨盘与石磨棒是粮食加工工具，主要用于给谷物脱壳。

铁犁铧

汉（前 202 年—220 年）
中国国家博物馆藏

　　铁犁的使用为精耕创造了条件，是农业技术进步的体现。它不仅提高了生产效率，还有利于开垦土地。

牛 耕 画 像

牛耕画像石拓片

东汉（25 年—220 年）
1956 年江苏睢宁双沟镇采集
中国国家博物馆藏

西汉时期大规模推广牛耕，牛耕在中原地区逐渐盛行。至东汉时，牛耕逐渐向长江和珠江流域推广。此画像石反映了东汉时期江南使用二牛抬杠式犁耕的情景。

石拓片

◇ 家畜驯养 ◇

　　人类驯养家畜至少已经有一万年的历史，先后驯化了狗、猪、羊、牛和马等牲畜。其中，猪的驯化在我国占有重要地位，猪不仅是古代先民最重要的家畜和肉食来源，还同时为人们提供动物油脂、皮革等重要的生活资料。

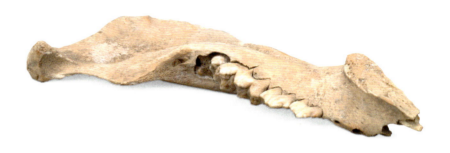

猪下颌骨

新石器时代（约1万年前—约前21世纪）
中国国家博物馆藏

　　中国是世界上最早人工驯养家猪的国家，在距今9000至7500年的桂林甑（zèng）皮岩遗址中发现的家猪骨骼，是我国迄今发现的最早家畜遗存。全国各地其他的新石器时代遗址、墓葬中也有大量的猪头骨、颌骨、猪蹄和整具猪骨架出土，说明早在新石器时代，猪已经在原始饲养业中占据重要地位。

猪形铜盒

战国（前475年—前221年）
中国国家博物馆藏

　　此器物由盖与器身扣合而成，两端为猪头造型，器下有四足。器物外观具有明确的家猪特征。

青瓷猪圈

西晋（265年—316年）
中国国家博物馆藏

青瓷猪圈是西晋江南地区常用的随葬品。汉晋时期，猪的饲养地区很广，以圈养为主。

釉陶鸡笼

东汉（25年—220年）
湖南省长沙市出土
中国国家博物馆藏

汉代的肉畜主要有鸡和猪，鸡是人们食用的肉、蛋的主要来源之一。釉陶鸡笼就是东汉时期家庭圈养鸡的实证。

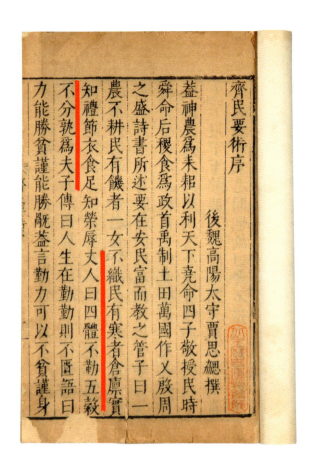

《齐民要术》

（北魏）贾思勰撰　明刻本
中国国家博物馆藏

《齐民要术》约成书于北魏末至东魏（533年—544年），是中国完整保存至今最早的一部综合性农学著作，全书共十卷，分别论述各种农作物栽培、家畜家禽饲养、农产品加工方法和副业等，比较系统地总结了黄河中下游地区丰富的农业生产经验。书中所载旱农地区的耕作和谷物栽培方法、梨树提早结果的嫁接技术、树苗的繁殖、家畜家禽的去势肥育技术，以及多种农产品加工的经验，都显示出当时中国农业生产水平已达到了相当高度。

《王祯农书》

（元）王祯撰　清光绪二十一年（1895年）刻本
中国国家博物馆藏

元代农学家王祯于元贞元年（1295年）至大德四年（1300年）担任旌德、永丰县尹时，撰农书三十七卷，提倡种植桑、棉、麻等经济作物和改良农具。

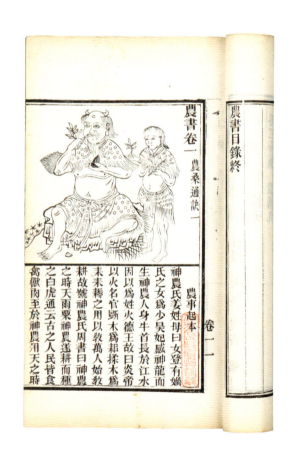

《农桑辑要》

（元）司农司撰　上海商务印书馆《丛书集成初编》
铅印本
中国国家博物馆藏

　　该书是元代司农司组织编撰的官方农书，成书于至元十年（1273年），内容大多辑自古代至元初的农书，保存了不少已佚农书中的宝贵资料。书中分别完整论述了各种作物的栽培及家畜、家禽、鱼、蚕、蜂的饲养技术，特别提倡栽培棉花和苎麻。

《农政全书》

（明）徐光启撰　明崇祯平露堂刻本
中国国家博物馆藏

　　该书是明代重要的农业科学著作，分为农本、田制、农事、水利、农器、树艺、蚕桑、蚕桑广类、种植、牧养、制造、荒政十二门，其中水利及荒政所占篇幅较多。书中辑录了大量前代和当时的文献，同时提出作者的心得与见解。

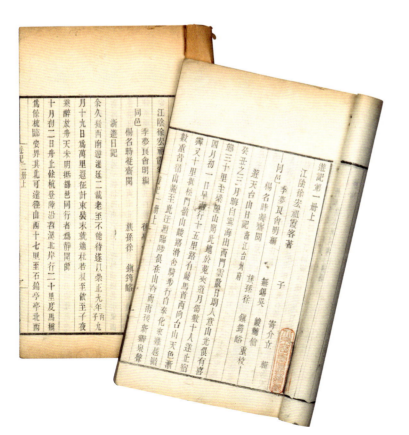

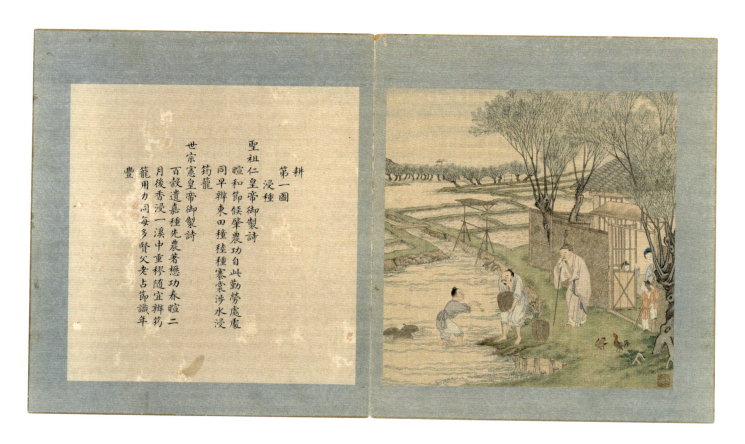

耕
第一圖
浸種
聖祖仁皇帝御製詩
暄和節候肇農功自此勤勞處處
同早辦東田種秫種襄襄涉水浸
筍籠
世宗憲皇帝御製詩
百穀遺嘉種先農著懋功春暄二
月後香浸一溪中重穋隨宜辦筍
籠用力同每多賢父老占節識年
豐

第二圖
耕
聖祖仁皇帝御製詩
土膏初動正春晴野老支筇早課
耕辛苦田家惟穡事隴過時聽叱
牛聲
世宗憲皇帝御製詩
原隰韶光媚芳菲次暖氣舒青鳩呼
雨急黃犢駕犁初畎畝人無逸耕
耘事欲跡勤勸課東作扶策歷村
墟

耕织图册

清（1644 年—1911 年）

中国国家博物馆藏

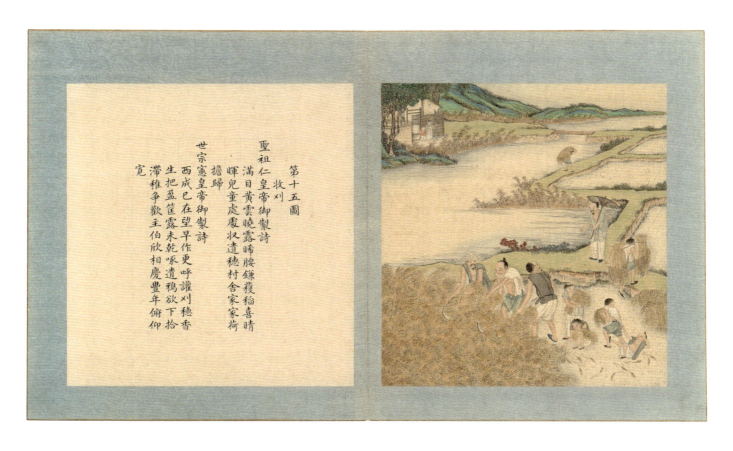

第十五圖

收刈

聖祖仁皇帝御製詩
滿目黃雲曉露晞
腰鐮穫稻喜晴暉
兒童處處忙收穫
遺穗村舍家家荷擔歸

世宗憲皇帝御製詩
西成已在望
早作更呼儔
誰穗香
生把盈筐露未乾
啄遺鴉欲下
拾滯稚争歡
主伯欣相慶
豐年俪仰寬

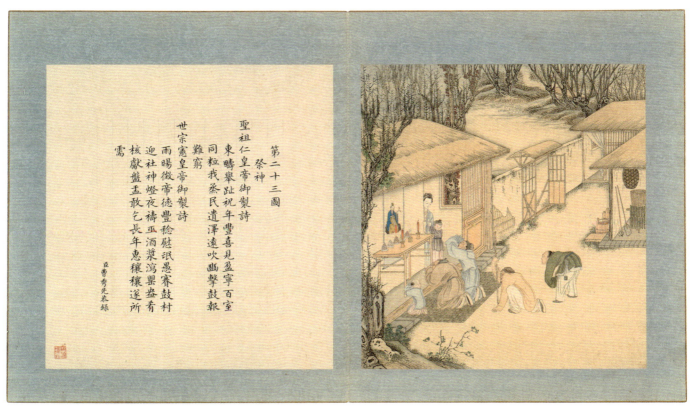

第二十三圖

祭神

聖祖仁皇帝御製詩
東疇舉趾祝年豐
喜見盈寧百室同
粒我蒸民遺澤遠
吹幽擊鼓報難窮

世宗憲皇帝御製詩
雨暘微帝德
豐稔慰民憂
賽鼓村迎社
神燈夜禱巫
酒漿瀉曍盤肴
核獻盤盂敢
乞長年惠
穰穰遂所需

臣曹秀先恭錄

南宋紹興二年至四年（1132年—1134年），楼璹（shú）编制了一套《耕织图》，包括耕图21幅、织图24幅，系统描绘了江南农耕、蚕桑生产的各个环节，是最早的农业技术推广挂图。此套册页是清代焦秉贞《耕织图》的摹本。

道光粉彩耕织图碟

清道光（1821年—1850年）

中国国家博物馆藏

悬
壶
济
世

　　中医药具有悠久的历史传统，神农尝百草的传说证明
我们的远祖已经在与自然灾害、疾病的斗争中开始了医疗
保健活动。至先秦两汉时形成以"整体观念"和"辨证论治"
为特点的医学体系。又经历数代不断充实和发展，在基础
理论、药物学、方剂学、针灸学等方面取得了重要的成就。
一般认为，中医的治疗体系主要有两种形式，一是以"神农—
草药"为主的药物治疗法，二是以"黄帝—针砭"为主的
针灸治疗法。唐以后，中国医药学理论和诊疗方法外传到
高丽、日本、中亚、西亚等地，成为人类医学宝库的共同
财富。

◯ 中药 ◯

　　中药的起源可以追溯到"神农尝百草"的传说。明代医药学家李时珍结合实地考察，参阅历代本草书籍，撰成《本草纲目》，被誉为"古代中国的百科全书"。

丸药

西汉（前 202 年—8 年）
1972 年山东巨野红土山西汉墓出土
中国国家博物馆藏

　　丸药是一种古老的中药剂型，《史记·扁鹊仓公列传》记载"半夏丸"，说明丸药已有 2000 年以上的悠久历史。

铜药臼

汉（前 202 年—220 年）
1958 年湖南长沙五里牌汉墓出土
中国国家博物馆藏

　　药臼是捣药用的器具，多用金属、陶、石或木制成。

镂空盖银盒

唐（618年—907年）
1970年陕西西安何家村窖藏出土
中国国家博物馆藏

此盒用于放置贵重药材。

提梁银锅

唐（618年—907年）
1970年陕西西安何家村窖藏出土
中国国家博物馆藏

此锅为煎药用具，以纯银锤击成型，通体光素。

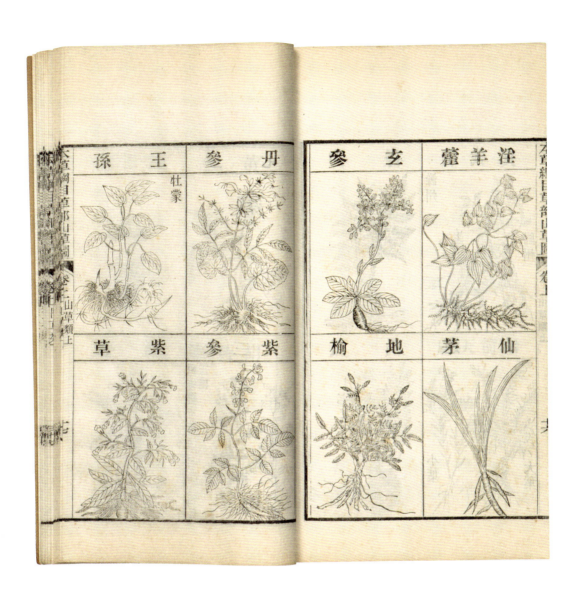

《本草纲目》

（明）李时珍撰　明万历三十一年（1603年）立达堂刻本
中国国家博物馆藏

　　《本草纲目》成书于明万历六年（1578年），分十六部、六十类，载药1892种，对每种药物均叙述其产地、形态、栽培、采集及炮制方法，分析药物的性味与功用，考订药物品种真伪并纠正文献记载错误。书中搜集古代医家和民间流传方剂万余剂，并附1100余幅药图。《本草纲目》系统总结了中国16世纪以前的药物学知识与经验，是中国药物学、植物学的宝贵遗产，对中国药物学的发展起到了重大作用。

《李时珍采药图》轴

现代 潘絜兹作
中国国家博物馆藏

李时珍（1518—1593），明代医药学家，继承家学，致力于药物和脉学研究，重视临床实践与革新。他常上山采药，向农民、渔民、樵夫、药农请教，参考800余种历代相关书籍对药物加以鉴别考证，纠正了古代本草书籍中药名、品种、产地等错误，收集整理宋元以来民间发现的药物，经27年著成《本草纲目》。

药灶

明（1368年—1644年）
中国国家博物馆藏

　　药灶是煎药工具，阶梯状，能够节省燃料，低处灶适于烧开水或熬制较多的药水，高处灶可为较小的药罐加热或保温。

切药铜刀

清（1644年—1911年）
中国国家博物馆藏

　　此刀为药材切割工具，可用其将药材切短，便于碾制。

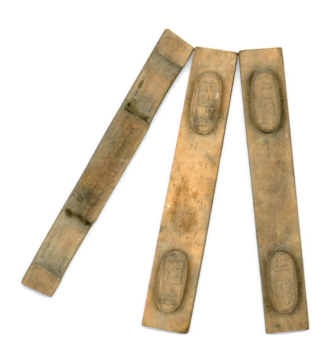

同仁堂药模子

清（1644年—1911年）
中国国家博物馆藏

　　每套药模都有上下两块模板，分别刻有大小均匀的凸凹槽，经药模压合的中药锭具有一定的分量和形状，一模能压成两锭至六锭。同仁堂由乐显扬于清康熙八年（1669年）创办，是我国中药行业著名的老字号。

◇ 针灸 ◇

针灸术是中国传统医学的重要部分，包括针刺和灸灼。西晋医学家皇甫谧撰《针灸甲乙经》，是中国现存最早的针灸学书籍。北宋翰林医官王惟一奉皇帝之命制作针灸铜人，用于针灸教学。在6世纪时，针灸术就传到了朝鲜、日本等国。2010年11月，针灸被联合国教科文组织列入非物质文化遗产名录。

针灸画像石拓片

东汉元和二年（85年）刻
1950年山东微山两城镇附近出土
中国国家博物馆藏

画面分为上中下三层，中层左刻人首鸟身的扁鹊持针为一人诊病，右边四人拱手跽坐。针灸是中医一门独特的疗法。"针"即以针刺入人体穴位治病，"灸"即艾灸，以火点燃艾炷或艾条，烧灼穴位。

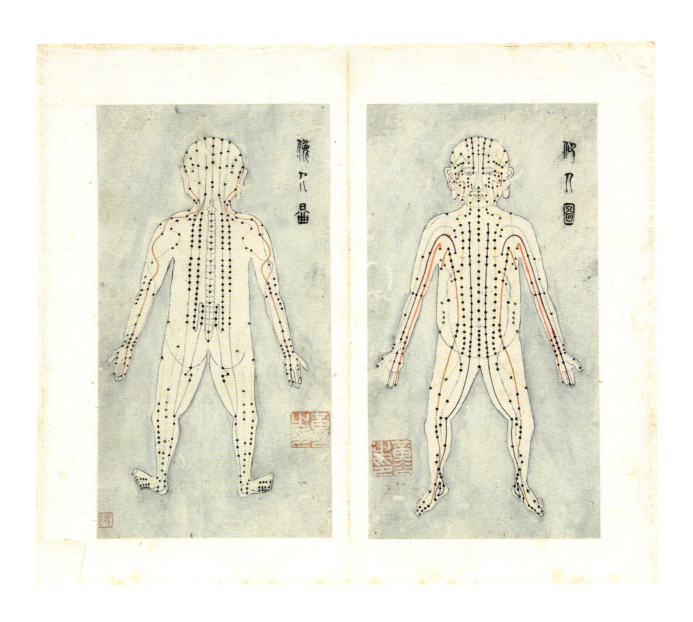

针灸图册

（清）佚名
中国国家博物馆藏

中医理论认为人体内运行气血、连接脏腑的经脉主要由十二正经和奇经八脉两大类构成，十二正经和奇经八脉中的任、督二脉又合称十四经脉，作用最为重要。此图册描绘了这十四条经脉的走向与其中的穴位。

头骨

新石器时代　马家窑文化（约前 3200 年—前 2000 年）
中国国家博物馆藏

　　这件新石器时代的头骨，颅骨上有洞，新的骨组织向内生长，有愈合痕迹，表明患者在手术后幸存了下来。

　　颅骨钻孔术指在颅骨上钻孔用于探查脑组织，是一种古老的简易开颅术，是神经外科手术的最早类型。对考古发现和文字记录的深入分析表明，在数千年前的新石器时代，中国各地普遍开展了颅骨钻孔术。已经出土的大量钻孔头骨有愈合的迹象，表明病人手术后存活。中国各墓葬地区发现的 2000—5000 年前的钻孔头骨是中国古代成功实施原始脑外科手术的重要证据。

仿藏医外科手术器具套盒

现代

中国国家博物馆藏

　　藏族医药学是中国传统医学的组成部分，是藏族人民医疗经验和知识的总结，并在悠久的历史发展过程中吸取各兄弟民族的医学成果而逐渐形成。

《中华医学》木雕

2016 年　李先海作
中国国家博物馆藏

　　雕塑以群雕的形式，分治病篇和制药篇两部分展现中华
医学的要素和精义，前者主要呈现切脉、针灸、拔罐、刮痧、
推拿、艾灸、手术等内容；后者主要呈现采药、切药、碾药、
司药、熬药等内容。

天工开物

在数千年的悠长岁月里，中国古代先民为满足自身物质生活与精神需要，锐意创新，磨砺出精湛的技艺，孕育出众多载入史册的发明创造，在农耕、纺织、冶铸、陶瓷、造纸与印刷等领域取得了重要的技术创新。这些发明创造不仅改变了古代中国的历史面貌，滋养了华夏文明，为中国古代政治、经济、文化发展奠定了技术和物质基础，同时还远播到世界各地，或为当地人们直接采用，或激发他们进行相关研究并产生自己的发明，推动了世界近代历史的进程。

蚕桑纺织

　　中国是世界上最早养蚕织丝的国家。早在新石器时代，植桑和养蚕已成为原始生业的重要内容。秦汉以后，中国丝织技术获得充分发展，汉代已广泛使用斜织机、提花机，织成精美的绮、锦。唐宋以后，中国纺织机械及纺织工艺日趋完善，印染、刺绣等工艺使丝绸更加绚丽多彩。精美的丝绸搭起连接中西的桥梁，丝绸之路成为中西文化交流的重要通道。

◇ 植桑与养蚕 ◇

玉蚕

新石器时代（约 1 万年前—约前 21 世纪）
中国国家博物馆藏

中国是世界上最早开始养蚕和织造丝绸的国家，并且在很长时间里是世界上唯一生产丝绸的国家。养蚕和丝织文化在我国有悠久的历史。早在新石器时代，先民就知道养蚕和利用蚕丝。商代至战国墓葬中出土了大量玉雕蚕，充分说明了这一时期蚕丝业发达。

《明人仿仇英宫蚕图卷》

明（1368 年—1644 年）
中国国家博物馆藏

画卷详细描绘了宫廷妇女的蚕桑丝绸生产场面，包括养蚕、采桑、缫丝、络丝、摇纬、捣练各个环节，展示了立机子、花楼机等织造机械，特别是立机子的形象，十分罕见，是研究古代宫廷丝绸生产的珍贵资料。

◯ 编织与纺织 ◯

　　编织工艺的进步促成了纺织技术的发明。在新石器时代遗址中广泛发现有纺轮、锥、针等工具，部分陶器上还印有布纹痕迹。纺织原料主要是葛、麻等植物的纤维。

陶纺轮使用示意图

石纺轮、陶纺轮

新石器时代（约 1 万年前—约前 21 世纪）
1956 年—1957 年河南陕县（今陕州）庙底沟遗址出土
中国国家博物馆藏

　　纺轮是纺坠的主要部件。纺坠是利用自重和惯性、做连续旋转而工作的纺线工具，可以加捻麻、丝、毛各种原料，又可以纺粗细不同的纱。

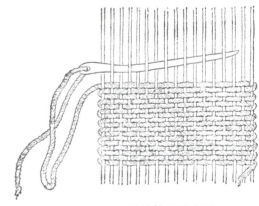

骨针使用示意图

骨锥、骨针

新石器时代（约 1 万年前—约前 21 世纪）
1956 年—1957 年河南陕县（今陕州）庙底沟遗址出土
中国国家博物馆藏

　　骨锥为穿孔工具，骨针为缝纫工具。

麻布纹陶钵

新石器时代（约1万年前—约前21世纪）
1955年陕西西安半坡遗址出土
中国国家博物馆藏

  中国古人很早就掌握了从植物中提取麻纤维的方法，通过捻编制作编织物。这件陶钵的底部有布纹印痕，是制陶时把未干陶坯放在麻布上衬垫所致。

半坡出土的席纹复原图

◇ 织机的出现和纺织技术的发展 ◇

中国丝织技术出现在新石器时代，至汉代取得明显进步。汉代以踏板斜织机为代表，形成缫丝、纺线、织造等较为完备的技术体系，织造出绢等平素织物和提花的绮和锦，唐代以后出现缂（kè）丝、缎等，色彩更加华美。

纺织场景青铜贮贝器

西汉（前 202 年—8 年）
1956 年云南晋宁石寨山出土
中国国家博物馆藏

贮贝器是古代滇人盛放贝币的器具。此件贮贝器盖上共铸有18个人，其中使用腰机进行织造的女奴形象最为引人注目。她们席地而坐，将织机用腰带缚于腰上、脚蹬住经轴，依靠两脚及腰脊控制经丝的张力，形象地反映了当时云南地区使用原始腰机纺织生产的情况。

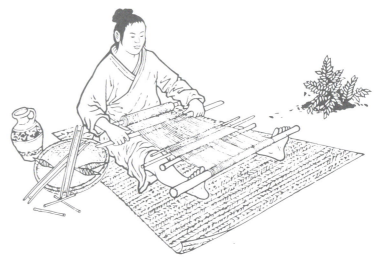

原始腰机使用示意图

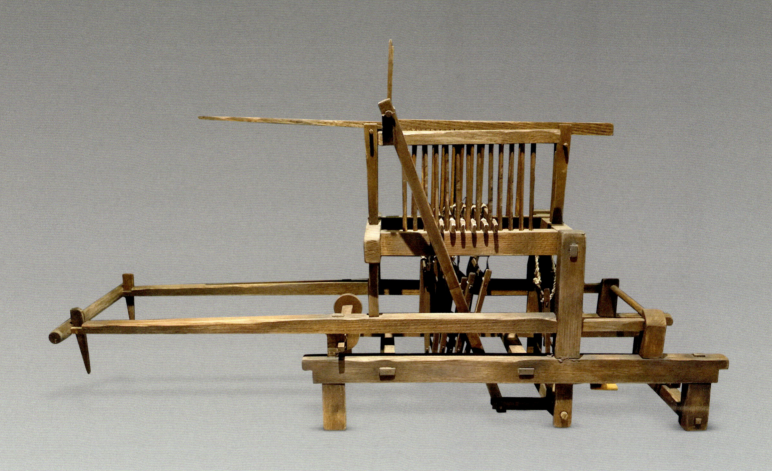

多综提花织机（复制品）

汉（前 202 年—220 年）
2012 年四川成都老官山汉墓出土
中国丝绸博物馆藏

　　提花技术是复杂的织造技术。它通过织机上的提花装置将丝织品的图案贮存起来，使得所有运作都可以重复进行，不必每次重新开始，如同今天的计算机程序。战国时期，中国的提花机和提花丝织技术已经非常成熟。汉代已经出现了多综式提花机，老官山汉墓出土的织机模型是一种踏板式多综提花机，约为实物体积的 1/6，是我国目前出土最完整的织机实物模型，也是世界上迄今发现最早的提花机实物资料，是两千年前织锦手工业最先进技术的实物体现，填补了中国乃至世界科技史和纺织史的空白。

纺织图画像石拓片

东汉（25 年—220 年）
中国国家博物馆藏

　　画面反映了当时织机生产场面和斜织机的形制。踏板织机出现于战国前后。汉代的踏板织机经面倾斜，两块踏板通过中轴控制一片综开口，并与原有的自然开口结合，织成平纹织物。这种织机将织工从手提综片中解放出来，用机架取代身体，并用脚踏板来传递动力拉动综片开口，大大提高了生产效率。踏板织机是中国对世界纺织技术的一大贡献。

◯ 丝绸印染技术 ◯

印花对凤对马联珠人物纹中衣

南北朝（420 年—589 年）
中国国家博物馆藏

此件左衽窄袖中衣采用印花技法，纹饰由动物、人物与联珠纹组合而成。古代的丝绸印染技术在早期的涂彩、画缋基础上发展起来，西汉真正开始印花，将染料或颜料拌以黏合剂，采用凸版或镂空版将其直接印在织物上显花，但这种方法效率很低。汉唐时期，改以绞缬、蜡缬、夹缬、灰缬等防染印花技术为主，生产效率空前提高，印染图案更加绚丽多彩。

于八娘印花绢经袱

北宋（960年—1127年）
1956年江苏苏州虎丘云岩寺塔出土
中国国家博物馆藏

　　此经袱用于包裹经卷，因其中部题写"女弟子于八娘舍
裹金字法华经永供养"得名。经袱上印有淡黄色圆形花纹
十六朵、一角有宽飘带二条。

◇ 刺绣工艺 ◇

藏青地禽兽纹锦

南北朝（420 年—589 年）
1972 年新疆吐鲁番阿斯塔那墓地出土
中国国家博物馆藏

　　南北朝时期的织锦以纹饰繁缛、精致著称。这块织锦为锦被的残件，以藏青色为地，大红、褪红、白色、缥青等色显花，色调庄重。纹饰由灯树和立柱相交，构成不同的图案组合。每株灯树两边填以对鸟，立柱上下左右布满以鹿为主体的对称禽兽纹，色彩丰富、布局匀称。魏晋南北朝时期，是养蚕技术及织造技术经由丝绸之路向西域传播的重要阶段。从新疆地区出土的织物看，当地不仅已有养蚕活动，也有丝织生产，这是中国丝织技术西传的一个重要的过渡地域。

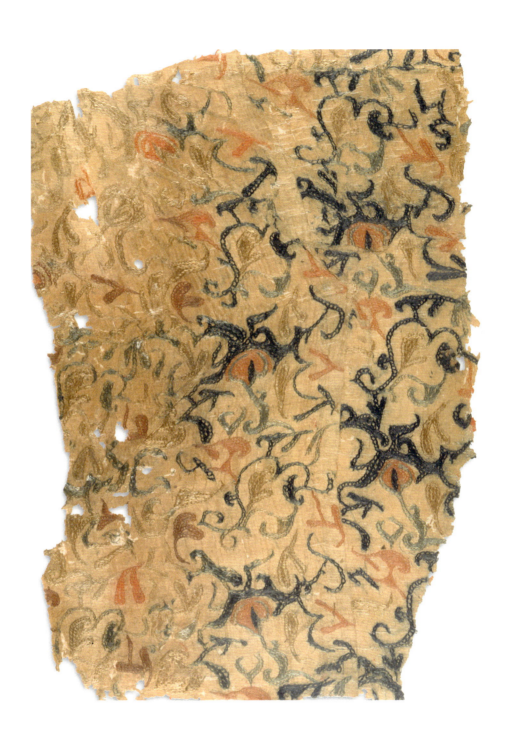

乘云绣绮

西汉（前 202 年—8 年）
1972 年湖南长沙马王堆一号汉墓出土
中国国家博物馆藏

　　"乘云绣"得名于墓中出土的竹简文字，绣片以黄色对鸟菱纹绮为地，以朱红、绛红、浅棕、藏青等色丝线用锁绣技法刺绣，图案祥云缭绕，云间又有眼部夸张的凤头，凤身同云纹相连。锁绣是前针勾后针形成曲线的针迹，是中国古代的发明，在战国秦汉时期极为流行。马王堆汉墓出土的众多绣品采用了这种刺绣方法，其主题图案由战国时流行的龙凤纹样变为各种云气图案。

"五星出东方利中国"锦质护膊（复制品）

东汉（25 年—220 年）
1995 年新疆民丰尼雅 1 号墓地 8 号墓出土
中国国家博物馆藏

　　这件织锦有五种不同颜色织就的星纹、云纹、孔雀、仙鹤、辟邪和虎纹，花纹之间贯穿"五星出东方利中国"文字，代表了汉式织锦的最高技术。

◇ 缂丝工艺 ◇

福寿吉庆纹缂丝椅披

明（1368年—1644年）

中国国家博物馆藏

　　椅披是披系在椅子上的一种长方形家居
装饰物。此椅披为红地蓝边，由三组图案构
成，图案中有寿瓶及花的纹饰，采用缂丝织
法织造而成。缂丝，又称刻丝，是一种通经
断纬的特殊手工织物，以生丝作经线、彩色
熟丝作纬线织造，在织品图案与素地结合的
地方，微显高低，犹如镂刻而成，因而得名。

◇ 妆花工艺 ◇

雪青牡丹纹漳缎

清（1644年—1911年）
中国国家博物馆藏

　　缎是清代丝织品中最出色的品种之一，属于缎纹组织，是在斜纹组织上发展起来的，织物平滑有光泽，适于多种复杂的纹样。该缎地为雪青色，有荷色牡丹图案，适于作被面及衣料。清代，缎以福建漳州产者最佳，称漳缎。

麻布

唐（618年—907年）
1967年新疆吐鲁番出土
中国国家博物馆藏

宋代以前，大麻布和苎麻布一直是中原地区的主要衣料。这件麻布经纬为平纹组织，出土麻布中不少带有题记，是内地纺织品流通到新疆地区的实物证明。

松江布

明（1368年—1644年）
1956年江苏奉贤杜士全墓出土
中国国家博物馆藏

唐代海南和西南各地的棉纺织工艺已发展到了很高水平，南宋以后，棉花在全国广为种植。宋末元初，松江府乌泥泾人黄道婆在流落海南岛崖州30余年后返回故里，传播植棉和纺织技术，开发出众多精美的棉纺织品。棉花和棉纺工艺开始在中国内地迅速传播。明代，松江成为棉纺织中心。松江布质量好，产量大，全国知名。

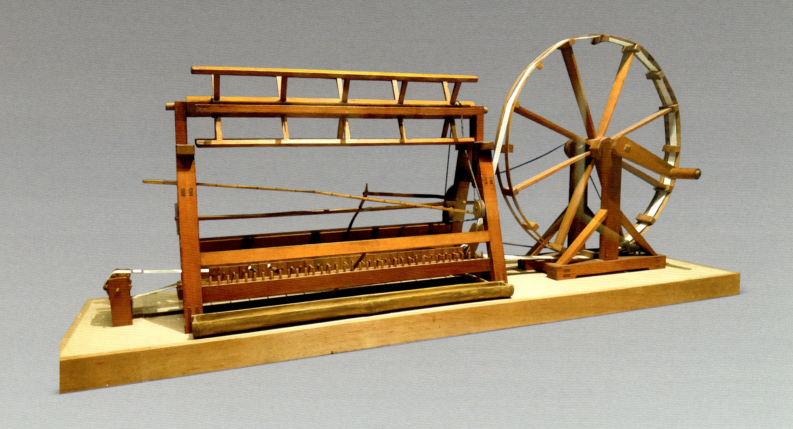

江陵丝纺车（模型）

明清（1368年—1911年）
中国国家博物馆藏

　　此丝纺车分两部分，一部分为丝纺车的动力来源，另一部分为车架，置56锭。纺车靠人力转动，使丝线合股加捻。

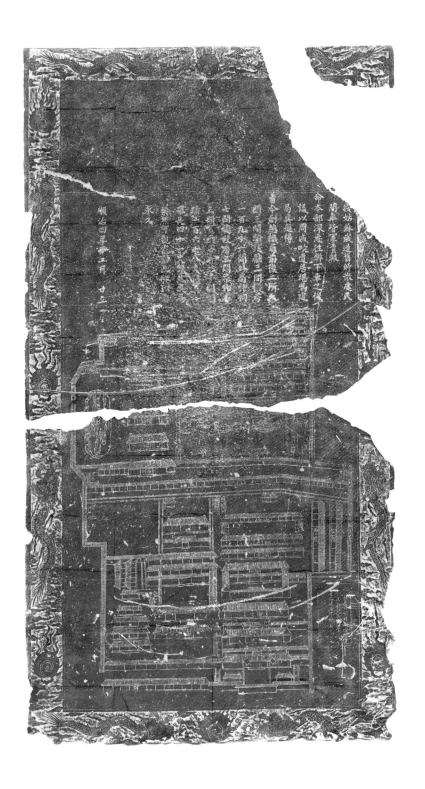

苏州织造局图碑拓片

清（1644 年—1911 年）
中国国家博物馆藏

　　苏州织造局是为满足皇家对丝织品的需求设立的织造机构。据《苏州织造局志》记载，织造局所辖苏、松、常三堂，共有织机 400 张，工匠多达 1160 名。"苏州织造局图"碑是反映清代宫廷丝织业盛况的著名碑刻，碑额为二龙戏珠图案，碑身周边饰有云龙戏珠图案。碑上部为图说，下部为织造局平面布局图，为研究清代官办织造企业以及苏州丝织业的发展史提供了重要的物证。

⬡ 丝绸之路 ⬡

公元前2世纪，以张骞"凿空"西域为标志，由沙漠绿洲相连而成的陆上丝绸之路出现，开创了中西交通的新纪元。中国的丝绸通过驼队不断输出国外，带动了中国和世界各国的经济、文化往来，增进了各国人民之间的友谊和了解。

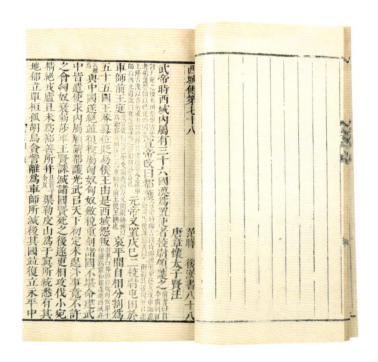

《后汉书》

（南朝）范晔撰　明汲古阁刻本
中国国家博物馆藏

中国丝绸在汉代已传至罗马帝国，《后汉书·西域传》中记载了大秦（罗马帝国）通过安息（帕提亚帝国）、天竺（古印度）从中国购买丝绸的情况，并提到大秦欲开辟从海上直达中国的丝绸贸易路线，是最早记录陆上与海上丝绸之路的中国古代文献。

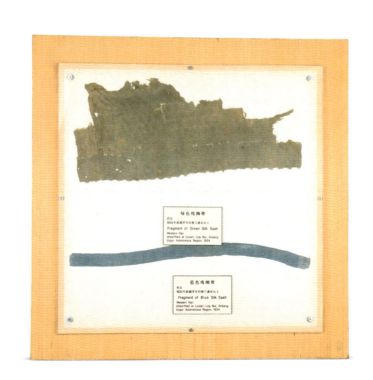

蓝色绸带、绿色丝绸残片

汉（前202年—220年）
新疆尉犁罗布泊出土
中国国家博物馆藏

汉王朝与西域地方政治关系的加强，促进了各族人民间的经济文化交流。内地的丝织物、纺织技术等相继传到西域。

绿釉牵驼胡俑、绿釉陶骆驼

唐（618年—907年）
1956年陕西西安独孤思敬墓出土
中国国家博物馆藏

　　唐代，丝绸之路贸易繁荣，商队往来频繁，骆驼是当时重要的交通运输工具。驼俑呈跪姿，瞠目挺颈，做卷舌嘶鸣状。胡俑头戴毡帽，身穿长袍，右手高举，左臂弯曲置胸前，做举手牵驼姿势。

金属冶铸

中国是世界上铜铁冶铸技术最为发达的地区之一。迥异于西亚和欧洲地区以锻造为主制作兵器、工具等的传统，通过块范法铸造青铜礼器，成为中国青铜时代最为突出的技术特征。中国很早就发明了生铁冶炼技术，并以其为基础，发展出一整套独特且先进的钢铁冶炼和加工工艺。以青铜和钢铁冶铸为代表的中国古代金属冶铸技术大大提高了社会生产力，为古代社会的发展进步奠定了深厚的技术和物质基础，为世界文明的发展作出了重要贡献。

⬡ 古代的冶金术 ⬡

　　发达的矿石开采和冶炼是铸造青铜器的基础。商周古铜矿冶遗址已发现多处，当时已能有效地解决探矿、采矿、选矿等一系列复杂的技术问题。春秋时期出现了较为成熟的竖炉，加上人力鼓风的运用，使获得的铜锭纯度很高，表明当时的冶炼技术已达到相当高的水平。

木井架

春秋（前 770 年—前 476 年）
湖北大冶铜绿山古矿井出土
中国国家博物馆藏

　　井架是铜矿井巷道中的支撑部件，采用了牢固的榫卯结构，使矿井能够深入地下数十米，说明当时采矿技术已具有较高水平。

铜斧

战国（前 475 年—前 221 年）
湖北大冶铜绿山古矿冶遗址出土
中国国家博物馆藏

　　铜斧为采矿工具。

竖炉（模型）

中国国家博物馆藏

　　西周、春秋时期，铜矿开采、冶炼技术
又有较大提高。1974年在湖北大冶铜绿山春
秋时期的古矿井遗址中，共清理出8个竖井
和1个斜井，发现多座春秋时期的古炼炉。
竖炉由炉基、炉缸和炉身组成。在炉身下部
设有金门和出渣道，炉侧还设有鼓风口，整
体结构已相当先进。

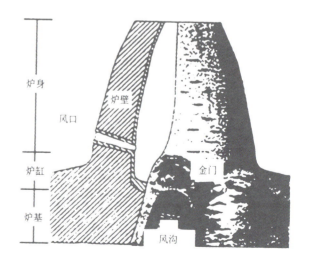

春秋时期炼铜竖炉结构复原图

◇ 西吴壁冶铜遗址 ◇

　　西吴壁遗址位于山西省绛县古绛镇西吴壁村南，夏商遗存分布面积约
70万平方米，是目前经系统发掘的中原地区年代最早且规模最大的冶金遗
址。2018年，中国国家博物馆、山西省考古研究所及运城市文物保护研究
所组成联合考古队，在该遗址东南部的冶铜遗存集中分布区开展发掘工作，
获得了丰富的冶铜遗存，对于认识夏及早商时期中原冶金技术的发展脉络、
工艺特征、矿石产地、产业格局等一系列问题具有重要学术意义。

残炉壁

夏晚期商早期（约前1700年—前1300年）
2018年山西绛县西吴壁遗址出土
中国国家博物馆藏

铜炼渣

夏晚期商早期（约前1700年—前1300年）
2018年山西绛县西吴壁遗址出土
中国国家博物馆藏

铜矿石

夏晚期商早期（约前 1700 年—前 1300 年）
2018 年山西绛县西吴壁遗址出土
中国国家博物馆藏

石砧、石锤

夏晚期商早期（约前 1700 年—前 1300 年）
2018 年山西绛县西吴壁遗址出土
中国国家博物馆藏

鼓风嘴

夏晚期商早期(约前 1700 年—前 1300 年）
2018 年山西绛县西吴壁遗址出土
中国国家博物馆藏

◇ 范铸法 ◇

青铜器制作主要采用陶范铸造法，即范铸法，又称块范法，依靠活块模与活块范、分铸等技术制作形状复杂的器物。铸造前先制成欲铸器物的模型，用泥土敷在模型内外，脱出可以分割成数块的铸件外廓及一个内芯，内外层中间的空隙间隔为欲铸器物的厚度。将熔化的铜液注入此空隙内，待铜液冷却后，除去泥土即得到欲铸的器物。

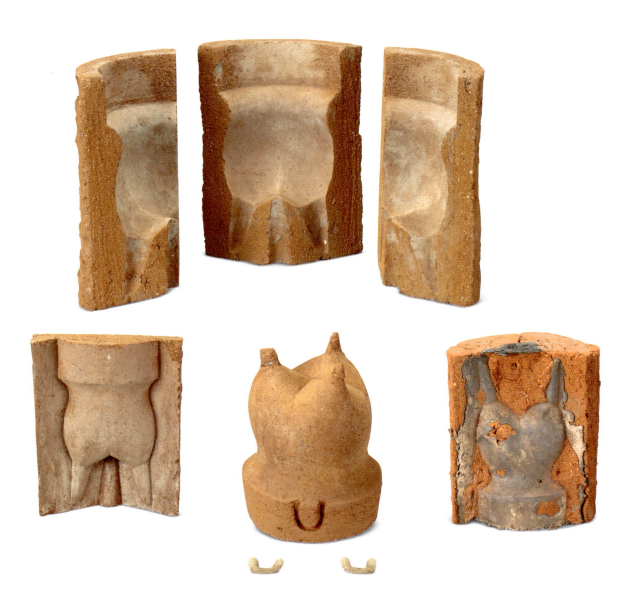

陶范铸造示意模型

中国国家博物馆藏

范铸法的工艺流程遵循由模生范、由范制芯、范芯铸器三个基本的步骤。模，指计划铸造物的模型，可由木制成，也可由泥制成。范，指翻制而成的铸件外廓。为便于从立体的模上剥脱，制范时需要分割成数块，即多件铸型组成部分构成一个铸件外廓。芯，指浇铸时（充型）用以形成器物内腔的泥芯，也被称作内范。

青铜鬲

商（约前 1600 年—前 1046 年）
中国国家博物馆藏

炊器。青铜鬲的袋足能够增加它的受热面积，从而加快食物的加热过程。此鬲用范铸法制造。用这种方法制成的青铜器，均有一个明显的铸造特征，即器物表面留存有范线。

范线的产生，是因范与范拼合处会产生缝隙，浇铸后则在器表形成范线。尽管器物铸后会被打磨，范线也多被磨平，但纹样带等不平整的区域，仍会存留范线的铸造痕迹。

◯ 浑铸与分铸 ◯

用范铸法铸造青铜器，或采用一次浇铸成形的浑铸技术，或依靠分铸铸接、焊接，将各部分连接成一个整体，以获得结构复杂、具有立体感的青铜器物。

饕餮纹单柱爵

商（约前 1600 年—前 1046 年）
1957 年安徽阜南出土
中国国家博物馆藏

此爵采用浑铸法制成。浑铸法指器身和附件一次浇铸成形的冶铸方法，这要求器身主体的范和附件的活块范预先组合在一起。浑铸法铸成的青铜器，表面遗留的范线有很强的连续性。由于附件的活块范需要与主体范预先拼合，在造型构思和纹样制作方面受到的设计约束较多，因此表现出古朴稚拙的作风。

青铜觥

商（约前 1600 年—前 1046 年）

河南安阳殷墟五号墓出土

中国国家博物馆藏

  觥是商周时期酒器。此觥用分铸法制造，系分铸铸接而成，先将某些部件铸好后嵌入范内，再浇铸连接。这一铸造思路的诞生，大大提高了制模创范的效率，也提升了铸件的质量，更突破了造型构思的限制，使新的器物类型涌现。

蔡侯申鼎

春秋（前 770 年—前 476 年）
1955 年安徽寿县蔡侯墓出土
中国国家博物馆藏

　　春秋时期，分铸技术获得了更广阔的应用空间，在以往
附件分铸的基础之上，诸如鼎足等主体也被分铸，并以焊接
的方式进行组合。这一技术拓展，使得器物的造型艺术越发
自由奔放，不同的身、足、耳，乃至形式多样的装饰附件可
以自由组合，成为列国青铜器艺术异彩纷呈的技术支撑。

蟠虺纹提链壶

战国（前 475 年—前 221 年）
中国国家博物馆藏

　　提链壶是春秋时期出现的酒器。提链系于肩侧，便于提携。提链工艺出现在春秋时期，极大改变了青铜器的形态与使用方式。提链的嵌套方式有两种：其一是"8"形环前后相套，其二是"0"形环前后相套。战国时期分铸工艺的演进引发了冶铸思维的解放，也使得古老的套铸技术获得新生，从而被广泛应用到容器铸造上。

铜马衔

春秋（前 770 年—前 476 年）
1956 年—1957 年河南陕县（今陕州）上村岭出土
中国国家博物馆藏

　　衔又称勒，横勒在马嘴中，由两节链环组成，两端与镳相接。这种套铸技术为之后提链工艺的出现奠定了基础。

铜马衔分铸模型

中国国家博物馆藏

　　铜马衔分铸步骤为：第一步以范铸法铸造出第一节链环；第二步制作第二节链环的泥模、陶范；第三步在陶范下端开口，放入第一节链环，用泥封住链环连接处的空洞；第四步组合外范后浇注青铜，即可得到嵌套在一起的两节链环。

⬡ 叠铸法 ⬡

　　叠铸法又称"层叠铸造"，出现于春秋时期，到汉代发展成熟。它是将多层铸型叠合，组装成套，从共用浇口杯和直浇道中灌注金属液，一次可得到多个铸件。叠铸法大幅度提高了劳动生产率，节省了造型材料和金属液，降低了生产成本。

阴文"大泉五十"全范、"大泉五十"钱

西汉末至新莽时期（7年—20年）
中国国家博物馆藏

　　"大泉五十"初铸于新莽居摄二年（7年），至地皇元年（20年）被禁用，是王莽统治时期流行时间较长的一种币型。

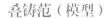

叠铸范（模型）

汉（前202年—220年）
1974年河南温县出土
中国国家博物馆藏

◇ 青铜装饰工艺 ◇

中国古代青铜文化的一个重要特色，是应用多种表面装饰工艺美化青铜器。夏代晚期已出现镶嵌宝石工艺，随着青铜加工技术的进步，又逐步发明了镶红铜、错金银、鎏金银等表面装饰工艺，使青铜器更加绚丽多彩。

方彝

商（约前 1600 年—前 1046 年）
中国国家博物馆藏

方彝为盛酒器，特征是高方身、带盖，盖上有纽，盖似屋顶形，有的方彝上还带有扉棱；腹有直、有曲，主要盛行于商至西周。

嵌绿松石饕餮纹罍

商（约前 1600 年—前 1046 年）
中国国家博物馆藏

罍是商周时期盛酒器、盛水器。此件罍通体嵌绿松石，嵌石是青铜器装饰工艺中起源最早的一种。商早期的青铜牌饰、青铜钺上已发现工艺细腻精湛的嵌绿松石装饰，表明这种装饰工艺当时就已相当成熟。所嵌材料分为绿松石和孔雀石两种，这两种材质前者为含水的铜铝磷酸盐矿物，后者则为含铜的碳酸盐矿物。在视觉上，前者绿而近蓝，后者则绿而生翠。

嵌赤铜兽纹带盖铜壶

战国（前 475 年—前 221 年）
1957 年河南陕县（今陕州）后川出土
中国国家博物馆藏

　　此铜壶腹部用赤铜嵌成兽纹，每道兽纹之间以菱形纹相隔。嵌错红铜的方法，一般是先按照预先铸就的嵌槽图案剪裁纯铜片，然后压入铸槽中挤合牢固并错磨平整（嵌错法）；或将事先制得的纹饰铜片固定于外范型腔表面，在浇注青铜时嵌于器物表面形成纹饰（铸镶法）。

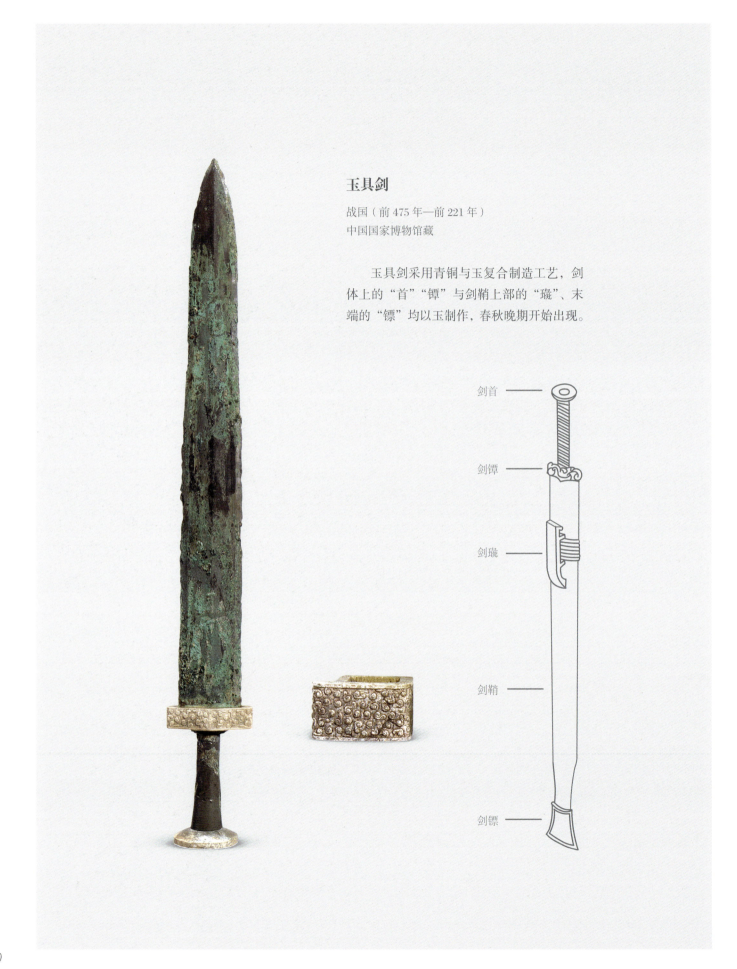

玉具剑

战国（前 475 年—前 221 年）
中国国家博物馆藏

　　玉具剑采用青铜与玉复合制造工艺，剑体上的"首""镡"与剑鞘上部的"璏"、末端的"摽"均以玉制作，春秋晚期开始出现。

剑首 ——

剑镡 ——

剑璏 ——

剑鞘 ——

剑摽 ——

夔龙纹刀

商（约前 1600 年—前 1046 年）
河南辉县琉璃阁 150 号墓出土
中国国家博物馆藏

　　刀直背凸刃，身两侧饰夔龙纹，刀背有镂空花饰犀棱。装饰工艺中的镂空可能由冶铸工艺的芯撑发展而来。芯撑，指垫衬于范、芯之间的泥质支撑物，用以确保浇铸的铸件壁厚均匀。镂空纹样的应用，可以打破器物视觉上的虚实关系，使原本厚重的器物显得立体轻盈。

错金银鸟兽纹车軎

汉（前 202 年—220 年）
中国国家博物馆藏

　　错金银是中国传统装饰工艺之一，亦称"金银错"，是利用金、银的良好塑性和鲜明色泽，锻制成金银丝、片，嵌在金属表面预留的凹槽内，形成文字或纹饰图案的工艺，最早出现于春秋中晚期。

◇ 钢铁冶炼技术 ◇

　　春秋时期中国发明了世界上最早的以生铁为本的钢铁冶炼技术，在高大的竖炉内，以高温将氧化铁还原并增碳成为液态生铁，再从炉中放出，铸成锭块或浇铸成器，经过多种处理方式炼成钢或可锻铸铁。这一技术大大提高了社会生产力，创造了辉煌的钢铁文明。

冶铁画像石拓片

东汉（25 年—220 年）
1930 年山东滕县（今滕州）宏道院出土
中国国家博物馆藏

　　画像石描绘了鼓风用皮橐的形状，以及冶铁工具的形制和使用情况。

排橐（模型）

东汉（25 年—220 年）
中国国家博物馆藏

　　排橐是用皮革和木骨架制成的鼓风工具，有入风口和排风口，使用人力为炼炉鼓风。东汉南阳太守杜诗改用水排作为动力推动皮橐鼓风。

镬铁范

战国（前 475 年—前 221 年）
1959 年河北兴隆出土
中国国家博物馆藏

　　范由铁浇铸而成，能多次重复使用，发明于战国时期，用以生产统一规格的铁器。

铁镬

战国（前 475 年—前 221 年）
河南巩县（今巩义市）铁生沟出土
中国国家博物馆藏

　　这件铁镬的铁质是球化良好的球墨铸铁，技术较欧洲早了 2000 多年。

错金钢刀

东汉永寿二年（156年）
中国国家博物馆藏

　　此刀虽锈蚀严重，但装饰瑰丽考究，工艺精湛，刀脊有错金铭文53字，是迄今发现的汉代刀中铭文最多的。铭文显示该刀制造工艺为"卅灌百辟"的灌钢法和辟炼法，生产规格非常高，是灌钢技术较早的物证；铭文中制造者、主造者和监造者俱全，体现了汉代"物勒工名"的生产管理制度，具有非常重要的历史价值和科技价值。

铭文释文：

永寿二年二月灌龙造，卅薄（灌）百辟，长三尺四寸把刀，堂工刘满，锻工虞广，削厉待诏王甫，金错待诏灌宜，领灌龙别监唐衡监作，驰妙北主。

铭文摹本：

永寿二年二月灌龙造卅灌百辟 长三尺四寸把刀堂工刘满锻工虞广削厉待诏王甫金错待诏灌宜领灌龙别监唐衡监作驰妙北主

瓷名天下

中国是瓷器的故乡。早在商周时期，先民就创造了原始瓷。东汉晚期以越窑为代表的南方青釉瓷烧制成功。此后制瓷技术不断发展，隋唐时期形成南方地区以烧造青釉瓷器为主、北方地区以烧造白釉瓷器为主的"南青北白"的瓷器生产新格局。宋元时期形成以耀州窑、定窑、磁州窑、钧窑、景德镇窑、龙泉窑、建窑为主体的七大窑系。元代青花、釉里红及颜色釉的烧制技术日臻成熟。明清景德镇成为全国制瓷业中心，烧制出多样的彩绘瓷器，颜色釉、釉上彩、釉下彩瓷器异彩纷呈。中国瓷器从唐代起逐渐外销到亚洲以外地区，明清时达到顶峰，遍布欧洲、非洲、亚洲、美洲，对世界陶瓷发展贡献巨大。

○ 瓷器的创制 ○

　　瓷器的诞生过程漫长。新石器时代制陶技术的高度发达为瓷器的产生奠定了物质和技术基础。瓷土的应用、釉的发明和窑炉的改进实现了从陶器到瓷器的飞跃。中国在夏、商之际就已发明了原始瓷，春秋战国时期进一步发展，东汉中晚期浙江地区烧造的青瓷达到了现代瓷器的各项标准，标志着瓷器的创制过程的完成。3—6世纪，南北先后采用模制技术生产瓷器，表面装饰技术主要有刻划花、印花、镶嵌、镂空、堆塑等。

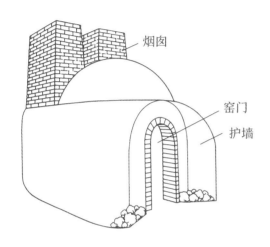

圆窑：圆窑是中国北方传统的窑炉，因形似馒头而得名，亦名馒头窑。商代早期已经出现，唐代发展为半倒焰窑，宋代已臻成熟。燃料以煤为主，可烧还原焰或氧化焰，烧成温度达1300摄氏度。这是北宋陕西地区圆窑示意图。

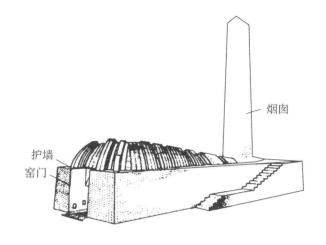

蛋形窑：蛋形窑是景德镇传统的窑炉形式，因似半个鸡蛋而得名，亦名柴窑。由元末明初的葫芦形窑发展而来。结构前部高而宽，后部低而窄，窑长7—18米。以木柴为燃料，烧还原焰。这是清代景德镇蛋形窑示意图。

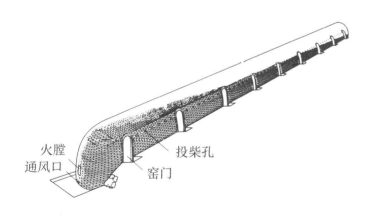

龙窑：龙窑多见于中国南方，因形似龙而得名。始于商代，至宋代基本达到完善。倾斜角约8—20度，窑长30—80米，形成自然抽力，有利于升温。以木柴为燃料，烧还原焰为主。这是宋代浙江地区龙窑示意图。

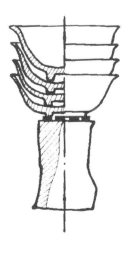

支钉：支钉为一种支烧工具。有圆环形、圆饼形、三叉形、四叉形、直筒形等形状，上面有数量不等的齿状凸起。用支钉支烧的器物，烧成后底部留有支钉痕迹。图为五代时期景德镇使用的支钉示意图。

匣钵

中国国家博物馆藏

　　匣钵是放置瓷坯的窑具，它使瓷器在烧制过程中受热均匀，防止气体及有害物质对坯体、釉面造成破坏及污损，充分利用竖向空间，扩大和升高窑室，改进了烧成质量，扩大了产量，降低了成本，是重要的制瓷工具。

钧窑带匣钵天蓝釉菊瓣碗

元（1271 年—1368 年）
中国国家博物馆藏

耀州窑雕刻牡丹纹印模

宋（960年—1279年）
中国国家博物馆藏

　　瓷器上的印花花纹是在碗坯完成以后用
印模印制而成的。印模通常以瓷土制作，上
面刻有花纹。此印模刻牡丹纹，纹饰清晰，
布局严整、满密。

耀州窑青釉缠枝牡丹纹碗

宋（960年—1279年）
中国国家博物馆藏

　　碗内壁刻花，花叶上均划出叶脉，刀锋
犀利潇洒、深浅有致。花纹清晰，浓淡相间，
纹样微凸，具有很好的视觉效果。

粉彩陶成图瓷板

清（1644 年—1911 年）
中国国家博物馆藏

陶成图由清雍正、乾隆时期景德镇御窑督陶官唐英于雍正八年（1730年）绘制。瓷板描绘的是瓷器制成过程，分别彩绘瓷器烧制过程中拉坯成型、彩绘上釉、入窑装烧、束草装桶准备售卖四个环节。

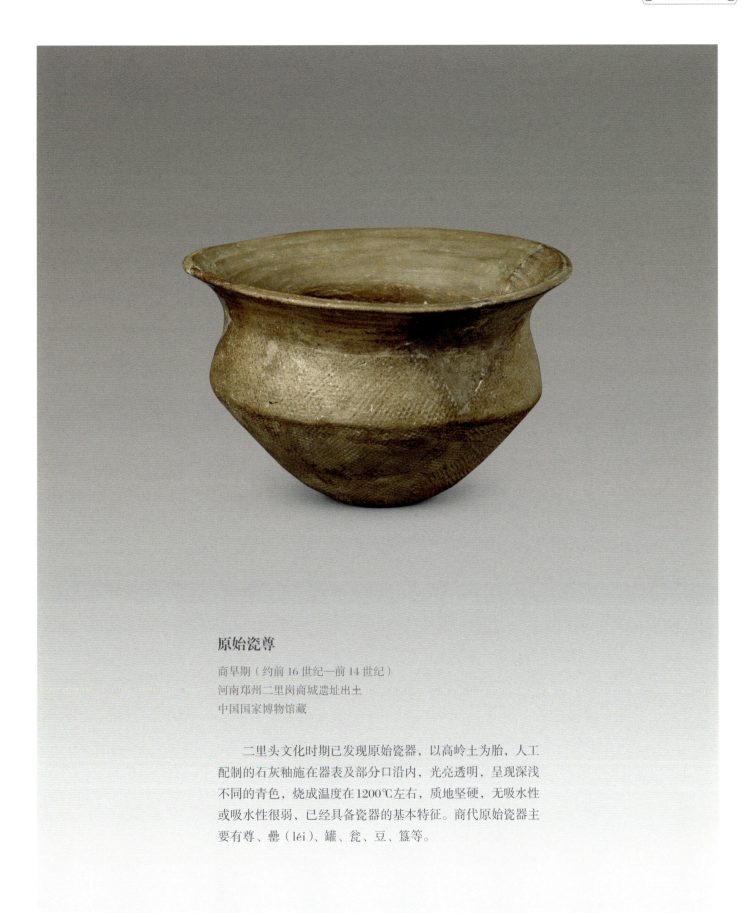

原始瓷尊

商早期（约前 16 世纪—前 14 世纪）
河南郑州二里岗商城遗址出土
中国国家博物馆藏

　　二里头文化时期已发现原始瓷器，以高岭土为胎，人工
配制的石灰釉施在器表及部分口沿内，光亮透明，呈现深浅
不同的青色，烧成温度在1200℃左右，质地坚硬，无吸水性
或吸水性很弱，已经具备瓷器的基本特征。商代原始瓷器主
要有尊、罍（léi）、罐、瓮、豆、簋等。

◎ 青瓷 ◎

　　青瓷是中国最早的瓷器品类，因胎釉中含有适量的氧化铁，经还原焰烧成，呈现淡青、翠青、粉青等各种青色而得名，雏形出现在商周，至东汉发展成熟，有越窑、耀州窑、官窑、汝窑、龙泉窑等主要窑口，不同时期和不同地区的青瓷各有特色。

青釉四系盘口壶

东汉（25 年—220 年）
中国国家博物馆藏

　　东汉中晚期，随着原料制备技术提高，胎和釉更为纯净了，龙窑结构的改进提高了烧成温度。在技术进步的基础上，出现了完全成熟的青瓷。

青瓷莲花尊

南北朝（420 年—589 年）
1956 年湖北武昌周家大湾刘觊墓出土
中国国家博物馆藏

　　东汉晚期，青瓷制造开始兴盛。到南北朝时期，青瓷烧
制已比较普遍。此尊集刻画、浮雕、堆塑、模印等多种装饰
技法于一身，代表了当时制瓷水平。

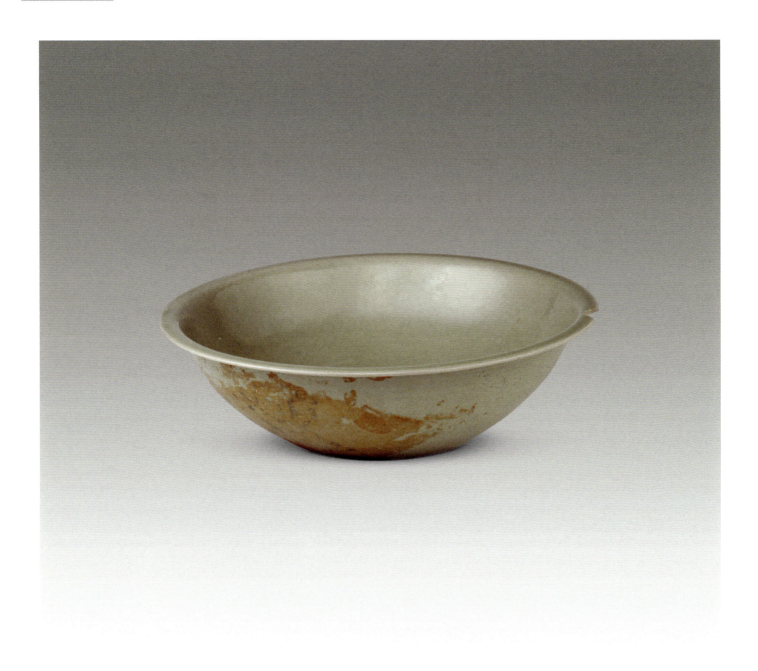

秘色瓷碗

唐（618年—907年）
1987年陕西扶风法门寺唐代地宫出土
中国国家博物馆藏

　　秘色瓷是越窑青瓷中的精品，其胎质细腻，釉色晶莹温润有光泽，给人以玉样的感觉。此碗是唐代越窑专门为皇室烧造的贡品瓷器。

官窑贯耳瓶

宋（960 年—1279 年）

中国国家博物馆藏

　　宋代以官窑为代表的厚釉青瓷的出现，开拓了瓷器发展的新局面。当时在釉料中增加了钾、钠的含量，创烧出在高温中黏度比钙釉大的石灰碱釉，减少了烧成中的流釉现象。并且采用多次施釉工艺，使釉层明显增厚、晶莹剔透。官窑瓷器中有不少是古朴肃穆的仿古陈设瓷，此件贯耳瓶系仿古代青铜器造型，釉色厚润，端庄典雅。

钧窑天蓝釉带座花口瓶

元（960年—1279年）
中国国家博物馆藏

　　钧窑是宋五大名窑之一，位于今河南禹县（今禹州市），始烧于北宋，盛于北宋晚期、金、元时继续烧造，影响扩展到河北、山西两省。钧窑创造性地使用铜的氧化物作为着色剂，在还原条件下烧制出窑变铜红釉，并由此繁衍出茄皮紫、海棠红、丁香紫、朱砂红、玫瑰紫等多种窑变色彩。

龙泉窑瓷瓶

元（1271 年—1368 年）

中国国家博物馆藏

　　龙泉窑是南方重要的青瓷体系。其青瓷以釉色著称，南宋以后使用石灰碱釉，经过多次素烧多次上釉，使得釉层厚而不流，并且在胎中掺入了一定量的紫金土，降低白度，衬托出釉色的深沉、柔和、淡雅、莹润。龙泉窑烧制的粉青、梅子青成为青瓷釉色之美的典范。

◇ 白瓷 ◇

　　青瓷之后，中国古代工匠又以高岭土和长石为原料，发明了白瓷。白瓷创始于北方，胎釉中铁含量少，克服了铁元素的呈色干扰，得以脱离青瓷自成体系。白瓷为后世各种颜色釉瓷、彩绘瓷提供了创造发展的基础。

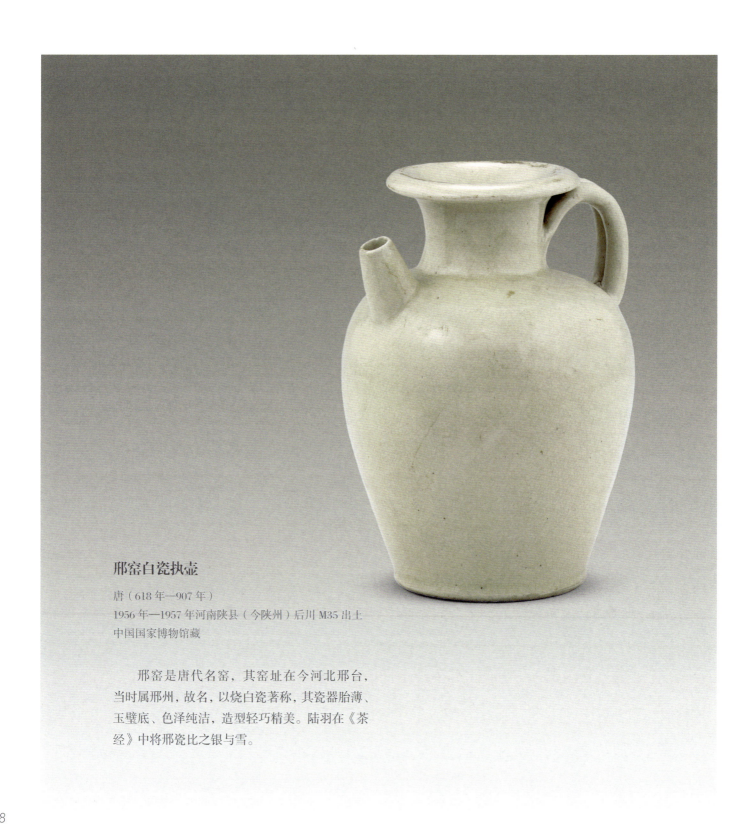

邢窑白瓷执壶

唐（618 年—907 年）
1956 年—1957 年河南陕县（今陕州）后川 M35 出土
中国国家博物馆藏

　　邢窑是唐代名窑，其窑址在今河北邢台，当时属邢州，故名，以烧白瓷著称，其瓷器胎薄、玉璧底、色泽纯洁，造型轻巧精美。陆羽在《茶经》中将邢瓷比之银与雪。

德化窑白釉方茶壶

明（1368年—1644年）
中国国家博物馆藏

　　德化窑是明代著名瓷窑之一，窑址在今福建德化，以烧
造白瓷著称，宋元时期已烧制青、白釉瓷。德化窑白釉瓷胎
釉浑然一体，如同白玉一般，除乳白色以外，还有象牙黄和
粉黄色的。装饰技法有贴花、印花和堆花。

⬡ 彩绘瓷 ◯

　　彩绘瓷是融入色彩装饰的瓷器，主要分釉下彩和釉上彩两类。釉下彩是在胎体上进行彩绘，施透明釉后高温一次烧成，以青花和釉里红为代表。釉上彩是在高温烧成的白瓷上用色料绘制纹饰，再以低温烘烧而成。另外还有两者结合的斗彩。彩绘技术在唐代长沙窑已普遍运用，经过唐宋时期的不断发展，从元代开始中国瓷器逐渐进入彩绘时代，明清各类釉上彩的发明与创新将彩绘瓷推向顶峰。

青釉褐绿彩龙纹壶

唐（618年—907年）
1951年安徽泗洪河道出土
中国国家博物馆藏

　　此执壶为长沙铜官窑烧制，它首创的釉下彩工艺技术，打破了只有青瓷和白瓷的格局，在陶瓷发展史上有重要意义。

青花束莲卷草纹匜

元（1271年—1368年）
中国国家博物馆藏

　　青花是一种白地蓝花瓷器的专称。先在瓷器毛坯上用含氧化钴的钴料描绘纹饰，再上一层无色透明釉，以高温烧成。青花的烧制技术在元代发展迅速，明代达到成熟阶段，以景德镇烧造的为最佳。匜为古代净手器。

永乐青花缠枝莲纹碗

明永乐（1403年—1424年）
中国国家博物馆藏

从永乐朝开始，青花瓷器已逐渐成为景德镇瓷器的主流。永乐青花瓷的主题图案往往以缠枝四季花（梅花、牡丹、莲花、菊花）为主，并以蕉叶、如意云、回纹、波涛等为辅纹，显得有疏朗感。

釉里红缠枝莲纹盘

明洪武（1368年—1398年）
中国国家博物馆藏

釉里红瓷是釉下彩绘瓷器的一种，在瓷坯上以含氧化铜的色料绘制花纹后施一层无色透明釉，以高温烧成，花纹呈红色。釉里红自元代开始流行，永乐、宣德朝达到明代釉里红的顶峰，明中期逐渐衰落。清代景德镇御窑厂不仅恢复了釉里红的烧制，而且在技术上有新的突破。

五彩花鸟纹盘

清康熙（1662 年—1722 年）
中国国家博物馆藏

　　康熙时期五彩瓷的烧造达到登峰造极的地步。由于采用创新的釉上蓝彩和墨彩加以绘制，五彩瓷更加绚丽缤纷、独具魅力。此盘绘一瑞鸟栖于花果枝干上，其身体丰硕，神态生动。此盘为康熙官窑五彩器。

五彩凤仪亭图盘

清康熙（1662 年—1722 年）
中国国家博物馆藏

　　康熙民窑器以釉彩浓重艳丽、纹饰题材丰富、画意清新活泼而独具艺术魅力，装饰纹样比明代五彩更广泛。五彩凤仪亭图取自《三国演义》第八回"王司徒巧使连环计，董太师大闹凤仪亭"，吕布、貂蝉、董卓等人物形象刻画生动、神态各异、栩栩如生，展现出康熙民窑五彩瓷的艺术风格。

铜胎画珐琅花蝶图杯

清康熙（1662 年—1722 年）
中国国家博物馆藏

　　铜胎画珐琅，是在铜胎体上涂敷釉料，经烧结、彩绘、抛光、镀金而成。此杯口沿及底足露铜胎，内壁施浅蓝色釉，外壁施粉白色釉，分别以红、绿、蓝、黄、黑等珐琅彩料绘画花卉、蝴蝶、翠竹等主题纹饰。杯整体构图疏朗，尤其是蝴蝶双翅上的花纹清晰传神。这种样式的铜胎画珐琅彩杯非常少见，成对出现更为难得。

乾隆粉彩福寿吉庆图折口瓶

清乾隆（1736 年—1795 年）

中国国家博物馆藏

　　粉彩亦称为"软彩"，创始于清康熙中期，盛行于雍正年间，是将五彩彩料和俗称"玻璃白"的含砷不透明白色彩料相融合，因"玻璃白"对彩料有粉化和乳浊作用，彩绘画面粉润柔和，并出现浓淡凹凸的变化。福寿吉庆纹饰流行于清乾隆时期，有番莲、蝙蝠、戟磬、硕桃等纹，"蝠"谐音"福"、"桃"喻示"寿"，"戟""磬"谐音"吉""庆"，故图案寓有"福寿吉庆"之意。

◇ 颜色釉瓷 ◇

颜色釉有高、低温之分，高温釉的主要呈色元素是铜、钴、铁，烧成黑、红、蓝等颜色釉；低温釉的呈色元素主要为铜、铁、锰，烧成红、绿、黄等颜色釉。明、清两代设立御器厂，推动了低温釉的繁荣。

宣德黄釉盘

明宣德（1426年—1435年）
中国国家博物馆藏

黄釉瓷创烧于明初，是明、清两代官窑的传统品种之一。黄釉是以铁为呈色剂的低温铅釉，施釉方法有二：一是在白釉器上罩釉，低温二次烧成；二是在胎坯上直接施黄釉烧制。

此器为二次烧成，盘内、外壁施黄釉，外底施白釉，底心青花双圈内书"大明宣德年制"六字二行楷书款。

郎窑宝石红釉瓶

清康熙（1662年—1722年）
中国国家博物馆藏

郎窑红是红釉之一，属高温釉，以铜为着色剂，1300摄氏度以上高温烧成。因由康熙时任景德镇御窑厂督陶官的郎廷极监督烧制而成，故称郎红，又称牛血红、鸡血红。郎红为仿明代宣德宝石红而创出的新品种，色泽较宣德宝石红更鲜艳，釉层凝厚，玻璃质强，有开片纹，并有垂流现象，底足内呈透明的米黄或浅绿色，也有较少的红釉底。口部釉层较薄，多露胎骨，呈粉白、淡青或浅红色"灯草边"，即"脱口"。

乾隆蓝釉描金团龙纹盘

清乾隆（1736年—1795年）
中国国家博物馆藏

蓝釉是中国传统色釉之一，以氧化钴为着色剂，分高温和低温釉。低温蓝釉色彩绮丽，但不够沉稳。高温蓝釉由元代景德镇窑创烧，将钴蓝料掺进釉料中调和，施釉后在高温下一次烧成，表现效果优于低温蓝釉。高温蓝釉又可分为雾蓝、洒蓝。乾隆时期雾蓝釉烧造技术纯熟，釉色深沉而透明，色调均匀一致，尽显华丽富贵。

◇ 外销瓷 ◇

中国陶瓷外销至迟始于唐代，随着航海事业和对外贸易的发展，瓷器输出到亚洲、非洲各国，促进了国家和民族间的友好往来与经济、文化交流。

青花山水楼阁盘

清乾隆（1736 年—1795 年）
中国国家博物馆藏

青花瓷是著名的外销瓷。明清青花瓷出口已形成规模。明代外销瓷造型、纹饰基本为中国传统式样。明末清初起，多根据欧洲市场需求制作，尤多西式餐具、咖啡具。这件圆盘为清代出口瓷器。

黄地粉彩军持

清（1644 年—1911 年）
中国国家博物馆藏

军持是印度语"Knudikā"的译音，又译作"君持""君雅迦"等，意思是"水瓶"，为佛教僧人、居士的饮水或净手之器。器型为喇叭形口、直颈、扁圆腹，肩一侧有一个上细下粗的流，壶口与流口均有盖以保持卫生。军持最早出现于唐，盛行于宋元，主要出产于福建沿海地区瓷窑，大量烧造外销。明清时景德镇窑亦有烧造，品种有青白釉、青花及五彩等。

造纸与印刷

　　书籍，是人类文明的重要载体。书籍质量提升，有赖于造纸术与印刷术的发明与发展。西汉时期，中国发明了造纸术。东晋时期，纸张逐渐取代简帛，成为主要的书写材料，并开始向世界各地广为传播。至迟在唐代初年，中国发明了雕版印刷术，并在宋代达到鼎盛。11世纪中叶，毕昇发明活字印刷术。印刷术传承典籍与文化，对世界文化的传播、交流与发展起了巨大的推动作用。

○ 造纸术 ○

西汉时期，人们利用废旧麻料制成了原始型的植物纤维纸。东汉蔡伦扩大了造纸原料的来源，不但用麻、破布、渔网，而且用树皮为原料，开辟了木浆纸的先河，是造纸技术的一次飞跃。汉代麻纸制造工艺较前有很大改进，至少要经浸湿、切碎、洗涤、浸灰水、蒸煮、舂捣、二次洗涤、打浆、抄纸、晒干、揭压等工序才能制成，说明在蔡伦以后一套完整的造纸工艺已经形成。

浸湿、切碎、洗涤　　　　　浸灰水

蒸煮　　　　　　　舂捣

抄纸、晒干、揭压

汉代麻纸制造工艺示意图

旱滩坡带字纸

东汉（25年—220年）
1974年甘肃武威旱滩坡出土
中国国家博物馆藏

此纸以麻纤维为原料，纤维组织紧密，原作三层，衬裱在一辆木牛车上，出土时已碎成残片，纸质细薄，外观因长期老化呈淡褐色，其中两片残存部分呈白色。淡褐色纸较脆，而白色纸较柔软。纸经单面涂布加工，其上残存文字墨迹。

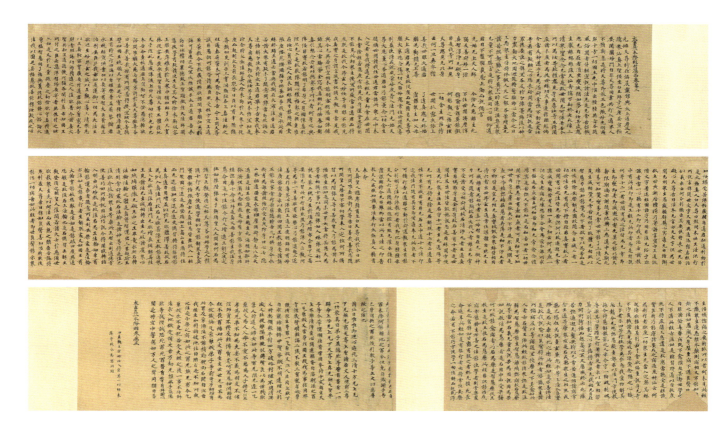

《太玄真一本际经》

唐（618 年—907 年）
中国国家博物馆藏

此写经纸纤维交结紧密、均匀，说明唐代造纸舂捣精细、打浆度高，已能制造出质量较高的植物纤维纸。

为了适应书写绘画的需要，唐代的纸被明确分为生纸与熟纸两类。生纸是指抄制后未经加工的纸，而经不同方法加工的纸称为熟纸。唐代的纸加工技术全面发展，当时人们已能熟练使用施蜡、研光、染色等各种纸加工技术，硬黄纸、薛涛笺、金花纸在此时最为著名。

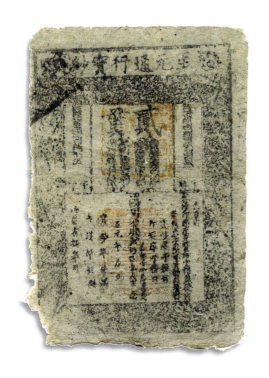

至元通行宝钞

元（1271 年—1368 年）
1959 年西藏萨迦寺内发现
中国国家博物馆藏

至元通行宝钞是元代通行的一种纸币，用北方桑皮纸印制而成。造币用纸对纸的质量要求很高，桑皮纸纸币的流通，反映了当时造纸的水平。自宋代开始，书籍大量印刷，对纸张的需求量逐渐增多，用麻造纸已难于满足社会的需求，所以人们就地取材，桑树皮、楮树皮和竹逐渐成为主要的造纸原料。宋以后的书籍多使用皮纸和竹纸印刷。

竹纸

明（1368年—1644年）
中国国家博物馆藏

竹纸在唐代已有生产，明代竹纸产量有了极大提高。竹纸以竹茎为原料，经槌洗去青皮粗壳，蒸煮脱胶后，再经舂捣最后造成纸浆，抄纸晒干而制成。江西、福建、浙江、安徽、广东、四川等地竹源丰富，是盛产竹纸的地区。

防蛀纸扉页

清（1644年—1911年）
中国国家博物馆藏

此书前后的橘红色插页表面涂有一层铅丹，有杀虫驱虫作用，这种纸亦称万年红。汉魏时期已使用黄汁染纸，黄汁能将纸染成黄色，既改善纸的性能，增加纸的美观度，还能起到防虫蛀的作用。宋代的印刷用纸中多添加椒汁以防虫。明清时广州一带的竹纸刊本，首尾各附有一张万年红纸以防虫蛀。

斗方纸

清（1644年—1911年）
中国国家博物馆藏

　　此纸呈红色，上面用泥金银粉绘制云龙纹，原盛于漆盒内。我国古代加工纸借鉴了漆器和丝织品的装饰方法，发明了将金、银洒于纸上进行装饰的技术。

◇ 雕版印刷 ◇

　　唐代初年，在多种转印技术的基础上，中国发明了雕版印刷术。五代后唐时期，政府使用雕版印刷儒家经典。两宋时期，官刻、私刻、民间刻书兴盛，雕版印刷术进入黄金时代，宋椠善本字体妍劲、纸墨优良，成为后世印工的楷模。明清时期的套色印刷与版画艺术完美结合，印刷术发展到了辉煌的阶段。

"牢阳司寇"青铜印

战国（前 475 年—前 221 年）

中国国家博物馆藏

　　印章是一种小型雕版，其起源大约可追溯至商代。它的用途十分广泛，不仅钤印在封泥上，还印在陶器上，烙在修建墓葬用的黄肠木上、马身上以及铜器上。印章上面的文字为反刻文字，它的广泛使用说明古代的反刻技术已十分娴熟，凸雕阳文的应用更是印刷术发明的必要技术条件。

"齐铁官印"封泥

西汉（前 202 年—8 年）

中国国家博物馆藏

　　封泥是古代用于封存信件、公文的工具，其上有印章钤印的印文，这对雕版印刷术的发明具有一定的启迪作用。"齐铁官印"四字为篆书，是西汉初年齐国经营铁业、自设铁官的印信。

始皇诏陶量

秦（前 221 年—前 207 年）

山东邹县出土

中国国家博物馆藏

　　这是秦代官方颁行的量器，为秦代的半斗量，容 970 毫升，折算每升合 194 毫升。陶量外壁有秦始皇二十六年（前 221 年）统一度量衡的 40 字诏书，是用十个方形四字阳文印作一排打在陶坯上焙烧而成的。

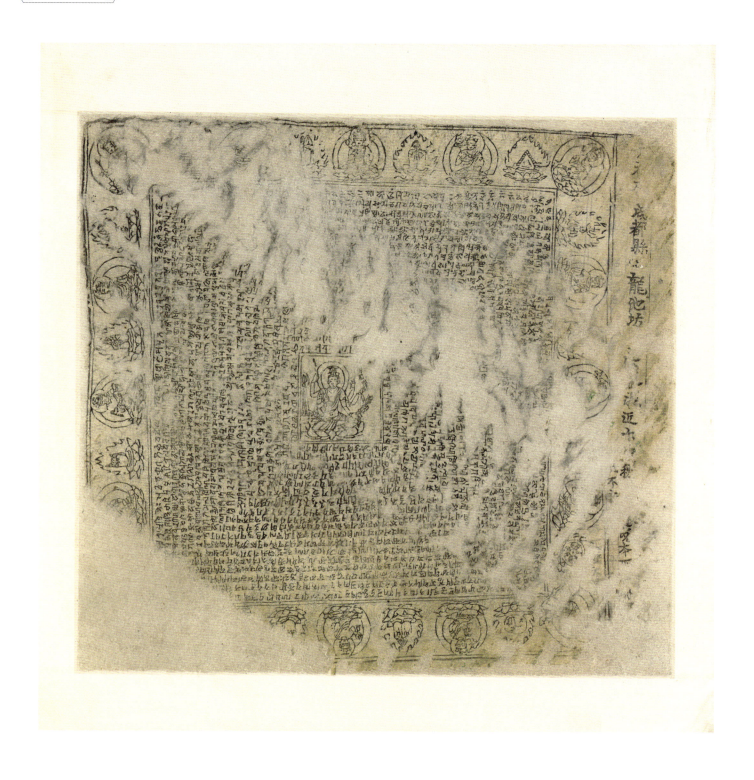

"成都府成都县龙池坊卞家印卖咒本" 陀罗尼经咒

唐（618年—907年）
1944 年四川成都望江楼唐墓出土
中国国家博物馆藏

　　此经咒为蚕纸，发现于墓主的银手镯中，从上面的一行
汉字可知，它是由卞姓印刷、贩卖的商品，说明在8世纪末，
中国已出现了私家经营的印书铺。

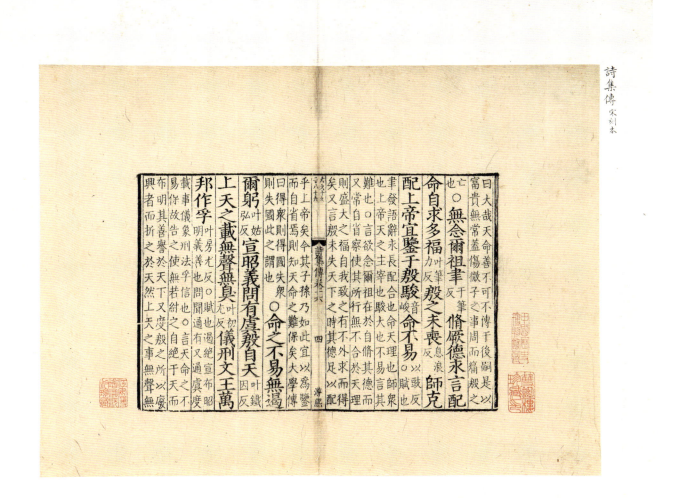

诗集傳 宋刻本

《诗集传》

南宋（1127 年—1279 年）
中国国家博物馆藏

　　《诗集传》是宋代理学家朱熹研究《诗经》的一部重要著作。此刊本字体整齐，纸墨如新。宋版书刊刻技术精湛，其字体亦是后世印刷字体的起源。两宋时期是中国雕版印刷技术的成熟期，雕版印刷成为一门艺术。刻书机构分为官刻和民间刻印。书籍数量多且内容广泛，涉及儒家经典、佛经、天文、历法等方面。

大明通行宝钞肆拾文铜钞版

明（1368 年—1644 年）

中国国家博物馆藏

钞版是用于印刷宝钞的模版。洪武八年（1375 年），朱元璋设宝钞提举司，下设钞纸、印钞两局及宝钞、行用二库。同年开始印制宝钞，分为一百文至一贯六等。洪武二十二年（1389 年）加发小钞，分十文、二十文、三十文、四十文和五十文五种。按当时规定。每十串铜钱为一贯，每钞一贯，准钱千文，或银一两；四贯准金一两。由于当时政府禁止用银，而大量发行宝钞，导致宝钞很快贬值，流通受阻。15 世纪中叶，市面已很少使用宝钞，嘉靖元年（1522 年）正式停用。

《十竹斋画谱》

明（1368年—1644年）
中国国家博物馆藏

此画谱于明朝末年由安徽休宁人胡正言运用饾版技术印制而成。饾版根据原画稿，按不同颜色以及颜色深浅之差异，分别刻成多块，然后由浅入深或套印或叠印。因其印版拼凑、堆砌在一起使用，故称饾版。此画谱为初印本，画、刻、印都很精致。

饾版（标本）

中国国家博物馆藏

　　这套饾版由七件组成，曾复印齐白石的《虾图》。

《虾图》齐白石

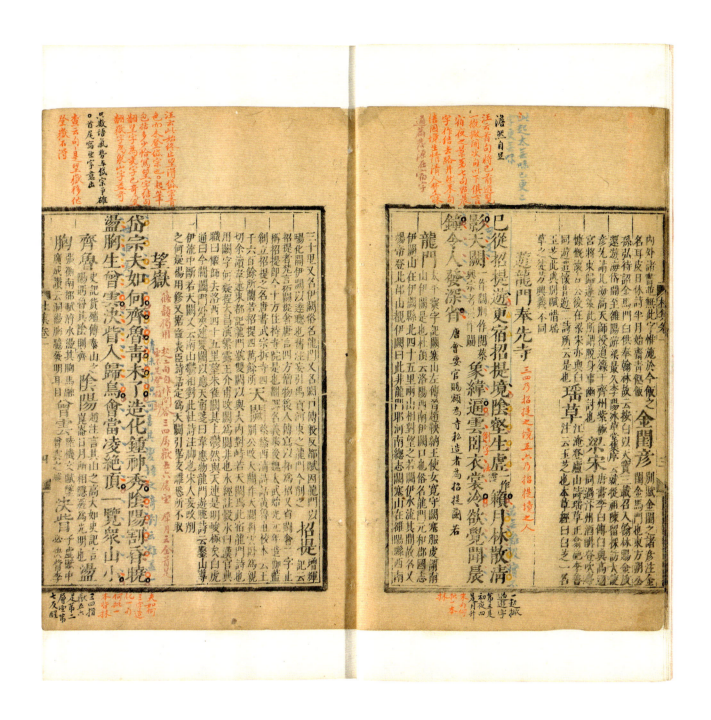

《杜工部集》

清（1644年—1911年）
中国国家博物馆藏

《杜工部集》是唐代著名诗人杜甫的作品集，此书为道光十四年（1834年）卢绅所刻六色套印本。正文用墨笔，眉批、注、标点等分别用紫、绿、黄、蓝、红等色，色彩斑斓，阅之娱目怡情。全书印刷、装帧精工，是中国古代使用色彩最多的彩色套印刻本书籍。在写本时代，有人用朱墨两色分

别书写经文和标题，用几种颜色绘画插图，既醒目又有助于阅读。印刷术发明以后，人们开始尝试用朱墨两色套印的方法来弥补单色印刷的不足，后来发展至多色套印。明代万历以后，套色印刷术得到广泛应用。

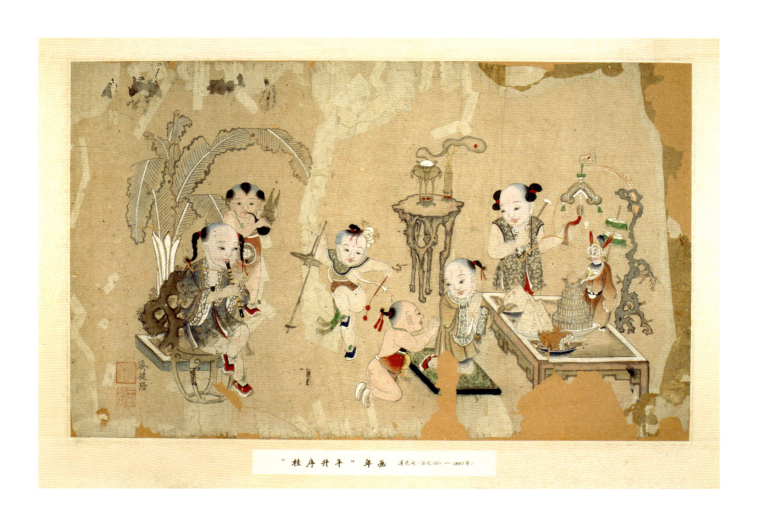

"桂序升平"年画　清光间（公元1821—1840年）

《桂序升平》年画

清（1644 年—1911 年）
中国国家博物馆藏

　　这是一幅反映儿童游戏的年画，为天津杨柳青印制。杨柳青年画产生于元末明初，继承了宋、元绘画传统，吸收了明代木刻版画的形式，采用木板套印和手工彩绘相结合的方法印制，以寓意、写实等多种手法表现人民的美好情感和愿望，尤以反映各个时期的时事风俗及历史故事等题材为多。

⬡ 活字印刷 ⬡

　　为进一步改善雕版印刷术，11世纪，北宋毕昇发明了泥活字印刷术。
13世纪出现了木活字印刷术，并逐渐成为中国活字印刷的主要形式之一，
至清代达到顶峰。15世纪晚期至16世纪还出现了铜、锡、铅等金属活字印刷。

泥活字版（模型）

中国国家博物馆藏

　　宋庆历年间（1041年—1048年），毕昇发明了活字印刷术，用胶泥做成一个个小长方形柱体，在一端刻阳文反字，然后煅烧坚固，造出供印刷用的泥活字。印刷时，在带有矮边框的铁板上铺一层松香、蜡与纸灰的混合剂，将泥活字依文章内容排列在上面。排满一板，就用火烘烤铁板底部，待混合剂凝固，就可进行印刷。印刷完毕将铁板加热，软化混合剂，将泥活字取下以备再次使用。泥活字印刷术的发明，开创了印刷术的新纪元。

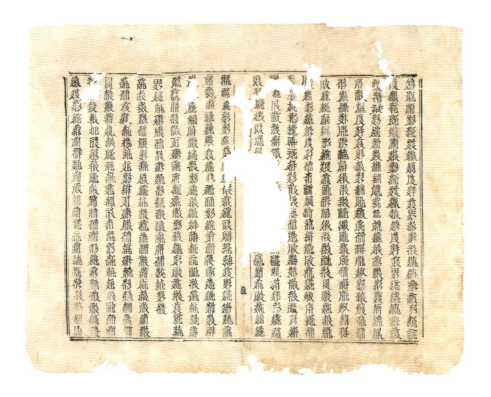

《吉祥遍至口合本续》木活字印本

西夏（1038年—1227年）
1991年宁夏贺兰拜寺沟方塔出土
中国国家博物馆藏

　　这是用西夏字印刷的佛经，是最早的木
活字印本之一。木活字印刷与雕版印刷的不
同之处表现在字形大小不等、笔画粗细不一、
版框栏线不衔接、墨色浓淡不一等方面。

回鹘文木活字（复制品）

元（1271年—1368年）
甘肃敦煌莫高窟内发现
中国国家博物馆藏

　　元代木活字印刷术应用广泛，回鹘文木
活字即于此时刻成。

转轮排字盘（模型）

中国国家博物馆藏

　　元朝初年，农学家王祯设计发明了转轮排字盘，用于排放活字字模，提高了排字速度。字盘为圆盘状，分为若干格，活字字模依韵排列在格内。盘下有立轴支承，立轴固定在底座上。排版时两人合作，一人读稿，一人则转动字盘，方便地取出所需要的字模排入版内。印刷完毕后，将字模逐个还原在格内。

指南针与航海

　　指南针，又称磁罗盘或罗盘针，是由人工磁化的磁针和方位刻度盘构成的指示方位的仪器。它是在确定方位的长期实践过程中的产物。战国末期，古人已发现磁石能够指示南北。北宋始，磁性指南工具进一步发展：人工磁体代替了天然磁石，制成水浮式指南鱼和水浮法、缕悬法、指甲法、碗唇法指南针。宋元时期，随着指南针在航海中的应用，航海活动范围空前扩大，明朝郑和船队七下西洋，是中国古代航海技术伟大成就的集中体现。大约在13世纪，指南针先后传入亚、欧各国，增进了各国人民之间的文化交流与贸易往来，对世界经济、文化的发展起到巨大的推动作用。

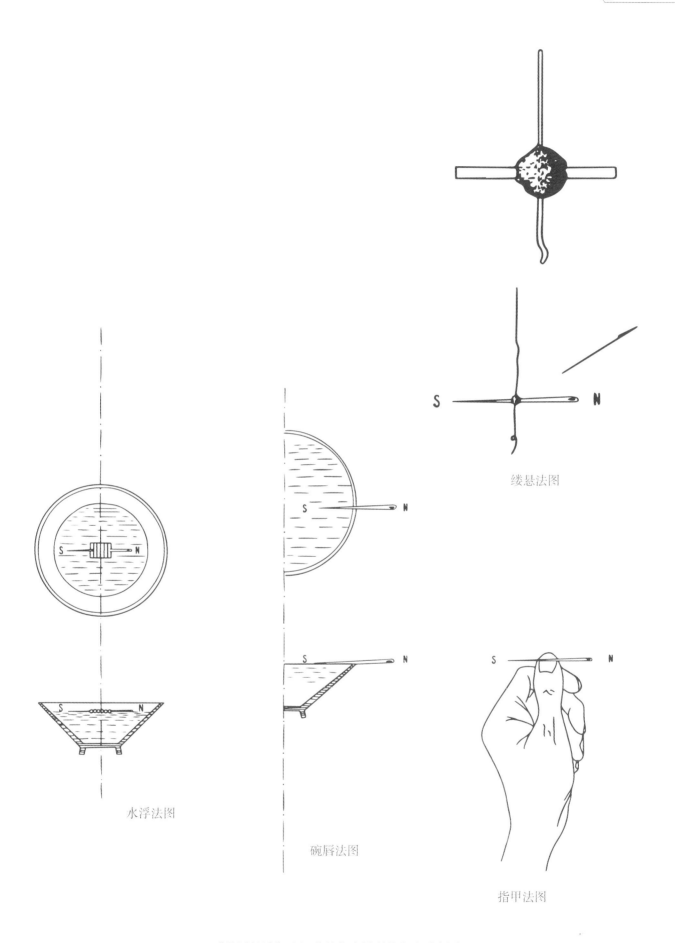

缕悬法图

水浮法图

碗唇法图

指甲法图

《梦溪笔谈》中记载的指南针制作方法示意图

缕悬法指南针（模型）

中国国家博物馆藏

　　缕悬法指南针是以独根蚕丝用蜡粘接磁针中部，悬挂于木架上，架下放置方位盘，磁针垂于方位盘中心上方。静止时，因地磁作用，其两端分指南北。模型由王振铎先生据《梦溪笔谈》复原。

水浮法指南针（模型）

中国国家博物馆藏

　　水浮法指南针是将几段灯草横穿在带磁性的钢针上，放在盛水的瓷碗中，灯草连同磁针浮于水面，磁针即指南北。这种指南针实用性强，最先应用于航海导航。模型由王振铎先生据《梦溪笔谈》《本草衍义》复原。

指南鱼（模型）

中国国家博物馆藏

　　木刻指南鱼是把一块天然磁石塞进木鱼腹里，让鱼浮在水上而指南。模型根据陈元靓《事林广记》复原。

执罗盘陶俑（复制品）

南宋（1127 年—1279 年）
1985 年江西临川朱济南墓出土
中国国家博物馆藏

　　该陶俑是古代风水先生的造型，手中持一罗盘，俑座底部墨书"张仙人"三字，故又称"张仙人"俑。此俑为研究旱罗盘出现的时间、造型及作用提供了可靠的实物资料。

铜罗盘（附拓片）

元（1271 年—1368 年）
中国国家博物馆藏

廿四位铜体水罗盘

明（1368年—1644年）
中国国家博物馆藏

　　该罗盘为金属质地，外圈为二十四等分
的圆形方位盘，分别以十二地支、八天干和
四卦来表示各个方位，内圈凹陷处用于安放
指向磁针，体现了宋明以来中国罗盘的一般
构造。

海船纹葵式铜镜

宋（960年—1279年）
中国国家博物馆藏

　　此铜镜上的图案反映了当时航海事业的发展。

①

②

"南海一号"出水瓷器

南宋（1127年—1279年）

"南海一号"沉船出水

中国国家博物馆藏

宋元时期，指南针在航海上的应用促进了海外贸易和中外交通的发展。广东阳江地处珠江三角洲与湛江结合部，是从广州南下水上交通所经之地，又是西江流域的出海捷径。阳江附近海域出水的南宋商船"南海一号"保存了大量文物，其中包括德化窑、景德镇窑、龙泉窑等宋代名窑的瓷器，是我国古代"海上丝绸之路"辉煌的见证。

① 景德镇窑青白釉印花花口盘
② 龙泉窑青釉菊瓣纹盘
③ 德化窑青白釉喇叭口印花瓶
④ 德化窑青白釉葫芦瓷瓶
⑤ 德化窑青白釉印花八棱执壶

③

④

⑤

沉香、檀香、降真香（复制品）

南宋（1127 年—1279 年）
1974 年福建泉州后渚港宋代海船出土
中国国家博物馆藏

　　泉州是宋元时期对外交通贸易的重要港口，1974 年，在泉州后渚港出土了南宋末年返港的远洋贸易船，内有大量来自海外的货物，其中包括沉香、檀香、降真香等产自东南亚地区的香料。

白地褐彩龙凤纹大罐

元（1271 年—1368 年）
1994 年辽宁绥中海域沉船出水
中国国家博物馆藏

　　瓷罐为典型的磁州窑风格。1991 年 7 月，在辽宁绥中三道岗海域发现沉船遗迹。1992 年至 1998 年，绥中沉船水下考古队进行了 6 次水下考古发掘，成功发掘出水文物 2000 余件，其中瓷器种类包括罐、盆、碟、碗、瓶等，绝大多数是元代磁州窑产品。遗迹及出水瓷器为研究磁州窑产品的内、外销情况，以及中国造船与航海史提供了重要的实物资料。

磁州窑画荷花瓷盆

宋（960 年—1279 年）
中国国家博物馆藏

　　磁州窑是宋元时期北方民间瓷窑之一，窑址在今河北磁县漳河两岸的观台镇、东艾口村、冶子村附近，古属磁州，故名。器型以盘、碗、罐、瓶等为主，还有瓷枕和玩具。胎质一种较坚细，呈灰白色；另一种较粗松，呈红褐色。釉色白中微带黄，上有黑、褐色花纹，器内壁多不挂釉。绘制方法有绘花、绘划花、剔花和珍珠地划花等，花纹复杂，线条流畅。

郑和航海图（局部）

彩绘摹本
中国国家博物馆藏

　　此图根据《武备志》中的《郑和航海图》绘制，节选了
福州至占城（今越南南部）的航线。

二千料海船（模型）

中国国家博物馆藏

　　据南京静海寺残碑记载，郑和船队配备大型船只"二千料海船"。现代研究者一般认为这是适于远洋航行的福船，它排水量约千吨，尖底，吃水较深，艒部尖削，利于破浪，船体中部设有强大的纵向外置龙骨，有助于船舶抵抗风浪和礁石。

郑和过泉州行香碑记拓片

中国国家博物馆藏

　　此碑为永乐十五年（1417年）郑
和第五次出使西洋忽鲁谟斯（今伊朗
东南部）等国途经泉州时所立。

《榜葛剌进麒麟图》

（明）沈度作　（清）陈璋临摹
中国国家博物馆藏

　　本图描绘了榜葛剌（今孟加拉）进献给
永乐皇帝的长颈鹿，反映了郑和下西洋对沿
途国家的影响。

火药与火器

火药在世界军事史、化学史中具有重要意义。中国古代火药是以硝石、硫黄和木炭（或其他易碳化的有机物）按照一定比例组成的混合物，因其点火后迅速爆炸生成黑色烟焰，西方称之为黑火药。中国古代火药的发明与炼丹术密切相关，至晚于9世纪初，炼丹家发明了火药。五代至北宋初期，火药已经用于军事。1044年成书的《武经总要》记载了三个军用火药配方，是世界上最早的军用火药配方。13世纪，中国的火药技术传入阿拉伯地区，14世纪初经阿拉伯人传到欧洲。李约瑟指出，14世纪火炮的第一次轰鸣，敲响了城堡的丧钟，因而也敲响了西方的军事贵族封建制的丧钟。

炼丹活动对火药的发明起着重要作用。炼丹术所用原料种类很多，其中有硫黄、雄黄、雌黄、硝石等。三黄与硝石炼制，稍有不慎即迅猛燃烧、爆炸。炼丹家发现了这种现象，著书以记并引为警戒。东汉魏伯阳在《周易参同契》中有所记述。

炭、硝、硫（标本）

中国国家博物馆藏

　　初期火药成分以硝、硫黄为主，辅以其他含碳化合物，后形成硝、硫、炭三元体系。反应瞬间产生大量气体，并随着温度升高，体积急剧膨胀，压力增大，发生爆炸。爆炸时，产生大量黑烟，故得名黑火药。

灰青釉火药掷弹

南宋（1127 年—1279 年）
中国国家博物馆藏

黑釉火药掷弹

元（1271 年—1368 年）
中国国家博物馆藏

"雷字六百四十号"铜火铳

明（1368年—1644年）
内蒙古凉城出土
中国国家博物馆藏

　　此火铳为典型的明永乐时期中型手铳，由前膛、药室、尾銎三部分组成，结构较元代和明初火器更加合理，铳身刻"雷字六百四十号"铭文。

南京兵仗局造神机铳匙

明景泰七年（1456年）
中国国家博物馆藏

　　铳匙是为火铳装填火药用的工具，明永乐时期开始大规模使用，前端可插入火铳口，使匙内火药直接装入膛内，不致散落在外。匙柄上一般刻有铳匙装药重量，可以避免装药不足或过量，保证了发射的威力和安全。铳匙的柄端还有一个小孔，可系上绳环，便于士兵系于腰间。

一窝蜂（模型）

中国国家博物馆藏

此为一种明代的筒形火箭架，它把几十支火箭放在一个大木筒里，引线连在一起，用时点燃总线，几十支箭齐发，宛如群蜂蜇人，故称"一窝蜂"。

驾火战车（模型）

中国国家博物馆藏

此为一种装载火箭的独轮战车，由两人操作。车前有棉帘，需要时可放下挡铅弹。车两侧设置六筒火箭，计160支，火铳二支，长枪二支。

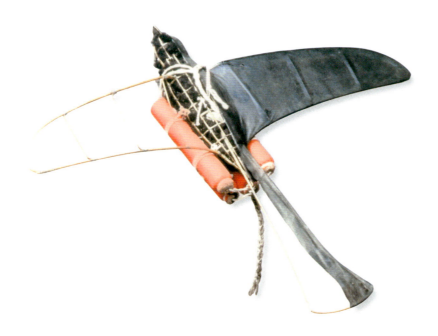

神火飞鸦（模型）

中国国家博物馆藏

　　此为用竹篾扎成乌鸦形状的飞弹，其内部装满火药，由四支火药筒作推进火箭，可飞百余丈，落入敌营，鸦身火药燃烧，攻击敌方。

火龙出水（模型）

中国国家博物馆藏

　　龙身用五尺竹筒做成，前后安装木制龙头龙尾，腹内装有火箭。龙身前后两侧各扎一支火药筒以推动龙身飞行。先点燃龙身外火药筒，龙身飞行一定距离后，龙腹内火箭点燃，攻入敌阵。因其在船上使用，故称"火龙出水"。它是世界上最早的二级火箭。

虎头牌（模型）

中国国家博物馆藏

这是一个盾牌形制的火箭架，内设有四组火箭，共8支。牌上设发射口，可发射火箭，是一件可攻可守的武器。模型根据明《武备志》复制。

营 造 法 式

工程是人类对科学的智慧应用，是人类物质文明重要的组成部分。在几千年的历史长河中，中国古代先民在农业生产、水利、建筑等领域创造了许多令人惊叹的伟大工程：都江堰、长城、大运河、紫禁城等，展示了中国古人的智慧和无穷的创造力，极大地促进了中国物质文化和社会经济的发展，也对世界文明的进步作出了重大贡献。

蟠虺纹铜构件

春秋（前 770 年—前 476 年）
1973 年陕西凤翔姚家岗遗址窖藏出土
中国国家博物馆藏

　　姚家岗遗址前后出土曲尺形、方筒形等建筑构件共64件。各类铜质构件，凡带有锯齿者，其齿均经打磨；铆眼铸成后亦大部分有锉磨加工的痕迹，有的还系直接锯、凿而成；有的构件内有朽木遗存，说明这批构件是与木构结合使用的。所有铜质构件未见烧灼痕迹，绝大部分保存完好，在窖穴中排列有序，应系有意保存。凤翔本秦都雍城故址，长期是秦国的政治、经济、文化中心。这批铜质建筑构件及遗迹的发现，为研究秦国历史以及中国古代建筑史等提供了重要的实物资料。

都江堰是中国古代著名水利工程，位于今四川省都江堰市西的岷江干流上，是世界上现存历史最久远的无坝引水工程。最早由秦国蜀郡太守李冰主持兴建，渠首枢纽包括鱼嘴分水堤、飞沙堰泄洪道、宝瓶口进水口三项主要工程。都江堰将岷江水引入成都平原腹地，打开了成都平原与长江的通道，并在战国以后逐渐演变成以灌溉为主的水利工程。建造者们利用河流的地形和水流等自然条件，以最少的工程设施实现引水、排洪、排沙等多方面的工程效益，在两千多年中持续使用，消除了岷江水患，对成都平原的农业发展和区域开发产生了重大影响。

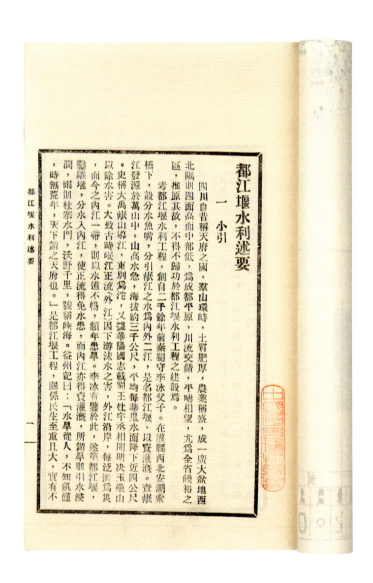

《都江堰水利述要》

卢汉章编　1938年铅印本
中国国家博物馆藏

该书综述了都江堰工程的设施沿革、灌溉面积及产额价值，并参考历代治水方法，增加了近代科学治水纪录，是地方性水利研究专题报告，并附有都江堰风景图说。

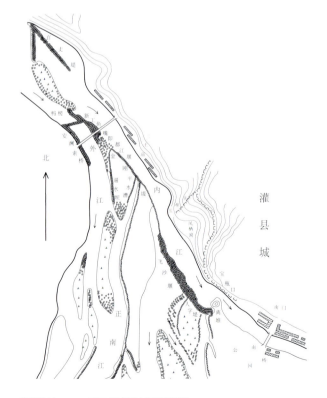

据周魁一："四川都江堰详图"
（《水利》1934年第7卷第6期）改绘

《清人运河形胜图》

清（1644年—1911年）
中国国家博物馆藏

　　京杭大运河贯穿海河、黄河、淮河、长江、钱塘江五大水系，全长1794千米，在明清时期持续将江南漕粮运到北京，成为国家经济命脉。明清时期进行了一系列整治、改建大运河的工程措施，体现了中国古代水利技术的综合成就。

　　康熙十七年（1678年）至康熙二十六年（1687年），河道总督靳辅在整治黄河、淮河的同时，命人清理今江苏境内里运河淤浅的河道、修筑河岸堤工、开凿引河，使漕船及商民船只往来通行安全无险。又在宿迁、桃源、清河三县黄河北岸堤内开凿中河，基本实现了漕、黄分离，使漕船避开了90千米的黄河风涛险路。该图正是反映了里运河、中运河完工后漕运畅通的情形。

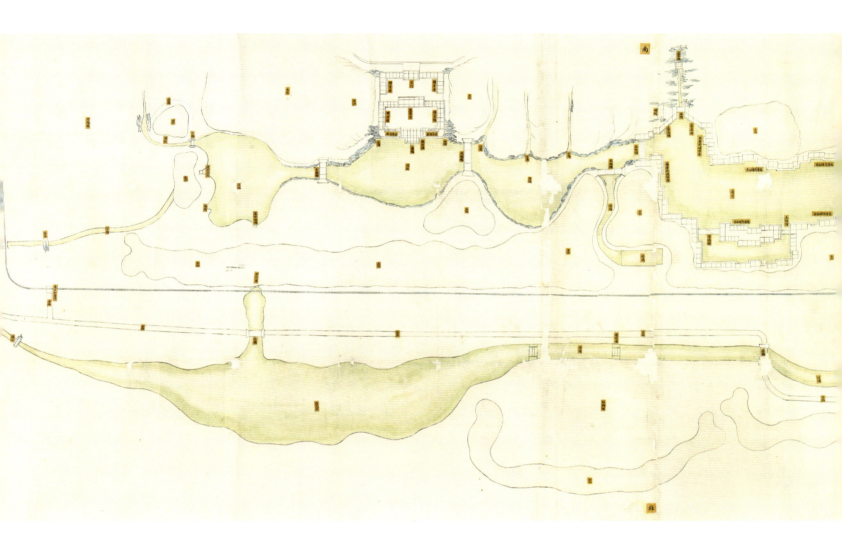

《颐和园后山买卖街图样》

清（1644年—1911年）
中国国家博物馆藏

颐和园是中国现存最完整、规模最大的皇家园林。原名清漪园，始建于清乾隆十五年（1750年），以万寿山为中心建有3000余间各类中国传统建筑物。其后山买卖街俗称"苏州街"，是乾隆时仿江南水乡构筑。规划设计者因借山水结构、利用人工与自然结合的多种方式布局建筑，通过压缩建筑进深与开间而在狭长的空间布置了大量的建筑，营造了一段闹市；又巧妙地通过开凿山体、河流转弯，将其嵌置于后溪河凹陷的河道两侧，营造"寂中存喧、幽中见旷"的氛围，体现了中国园林艺术的高超技巧，在中外园林艺术史上享有极高地位。

御题水竹居

《名胜园亭图说》

清（1644年—1911年）
中国国家博物馆藏

扬州造园历史悠久，明代运河修整后，特别是清代乾隆南巡前后，开始大规模兴建私家园林。扬州园林平面布局较为规整，兼采南北方特点，尤善利用楼层，叠石、叠山独具特色。图册作于乾隆第六次南巡前后，有42幅图，所绘皆为扬州著名景点，含镇江金、焦二山图。每图后附说明，介绍园林沿革及景观特色。

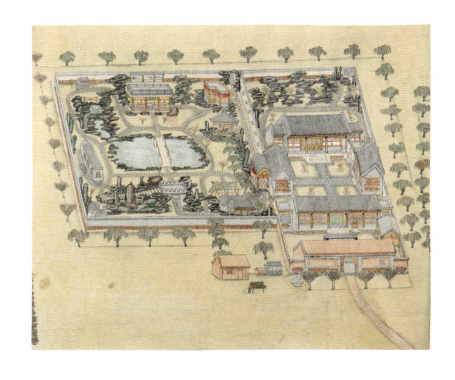

《清人园林图》

清（1644年—1911年）
中国国家博物馆藏

晚清时期，中国私家园林建筑形式受到西方文化影响。该图中将中国园林特有的古典建筑船厅设计成了轮船的样式。

西风东渐

明朝中叶以后，规模空前的海上航行使中国与世界的联系更加紧密，产生于欧洲的近代科学技术进入中国，对中国的天文历法、舆图地志产生了重要影响。鸦片战争以后，几代有识之士通过翻译科学著作、派遣留洋学生、发展新式教育、设立科研机构、创办新式工业等方式学习西方科技、寻求国家富强。在20世纪上半叶，我国科技教育与科研事业初具规模，现代工业则在动荡中艰难前行。

引入西方科技

近代科技的传入始于明末清初，主要以对西方科技经典的翻译为主。鸦片战争后，中国又一次出现向西方学习的热潮。西方科技的传入，加速了中国社会的转型。

◯ 译著新学 ◯

　　各类近代科技知识通过译著不断传入中国，冲击着中国传统思维模式和生活方式。大规模的翻译主要有两次：一是明末清初由耶稣会士主导的翻译；二是19世纪下半叶规模更大的翻译活动，中外合作、官私并行。

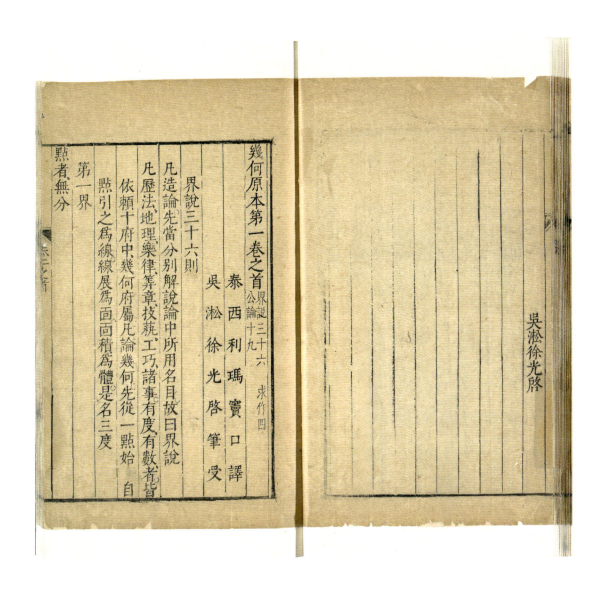

《几何原本》（前六卷）

（古希腊）欧几里得著　徐光启（意）利玛窦译
明万历三十五年（1607年）刻本
中国国家博物馆藏

　　《几何原本》是古希腊数学家欧几里得用公理化方法对古希腊数学知识所做的系统化、理论化总结，对文艺复兴后近代科学的兴起产生了很大影响。万历三十五年（1607年），利玛窦和徐光启根据拉丁文15卷本《几何原本》合译出前六卷，"几何"的中文名称即由此而来。该译本第一次把欧几里得几何学及其严密的逻辑体系和推理方法引入中国，同时确定了点、直线、平面、相似、外似等几何学名词。

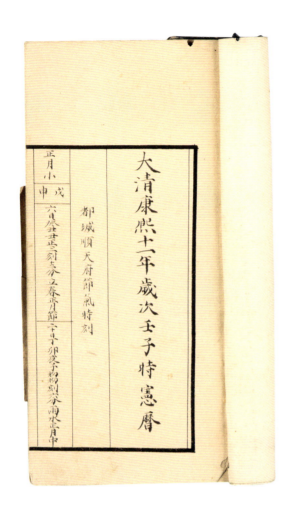

《大清康熙十一年岁次壬子时宪历》

清康熙十一年（1672年）抄本
中国国家博物馆藏

　　明末，徐光启在来华传教士协助下编制了《崇祯历书》。清代沿用这部历法，据此编成的日用历书名为《时宪历》。时宪历采用丹麦天文学家第谷的天文系统，以太阳在黄道上的位置划分节气。后经康熙、乾隆年间两次修订，补充了开普勒、卡西尼、牛顿等人的成果，沿用至清末。

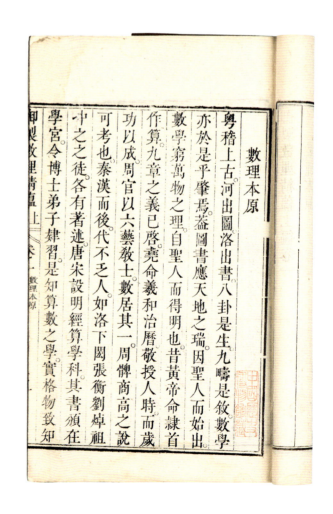

《律历渊源》

清雍正元年（1723年）刻本
中国国家博物馆藏

　　本书为康熙皇帝组织中西学者编纂的一套大型丛书，至雍正元年（1723年）编成。全书分为《历象考成》《律吕正义》《数理精蕴》三部分，包含了大量明末清初从西方传入的天文学、音乐、物理和数学知识。

《数理精蕴》木版

清（1644 年—1911 年）

中国国家博物馆藏

　　《数理精蕴》是《律历渊源》的第三部分，于康熙二十九年至六十年（1690 年—1721 年）编纂，由梅瑴成等人在法国传教士张诚、白晋等人译稿的基础上汇编而成。《数理精蕴》包括1685 年后传入中国的几何学、三角学、代数学以及算术知识，是中国编译的第一部介绍西方数学知识的百科全书。

《增订格物入门》

（美）丁韪良著译　京师同文馆光绪十五年（1889年）刊
中国国家博物馆藏

　　本书是丁韪良辑录的关于西方科技的入门书，同治七年（1868年）出版，分为水学、气学、火学（即热学、光学）、电学、力学、化学和格物测算。此书内容广泛、文字浅近、述理清楚，出版后影响较大，次年就传入日本，有多种重印本，又于1889年和1899年两次修订。

《化学分原》

（英）包曼著　（英）蒲陆山增订　（英）傅兰雅译　徐建寅述
江南制造局同治十年（1871年）刊
中国国家博物馆藏

　　本书作者包曼是实验化学的开拓者，伦敦化学学会的奠基人之一。本书是一本关于分析化学的代表作，内容包括定性分析和定量分析两部分。这部书的出版，标志着近代分析化学开始被比较系统地介绍到中国。

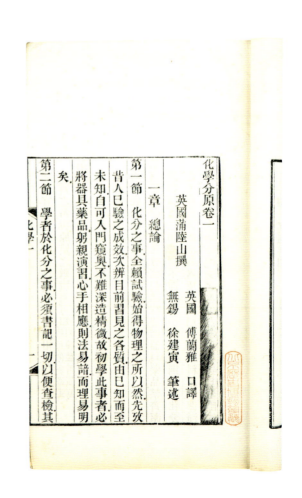

《天演论》

（英）赫胥黎著　严复编译
光绪二十四年（1898年）刊
中国国家博物馆藏

　　原书为赫胥黎衍述达尔文进化论的讲演稿，译本为其中一部分，译文后有严复自述议论发微。本书以意译形式阐述"天演竞争，优胜劣败"的进化论观点，严复认为进化论不仅适用于动植物界，同时也适用于无机界和人类社会。《天演论》在中国社会近代化过程中产生了深刻影响。

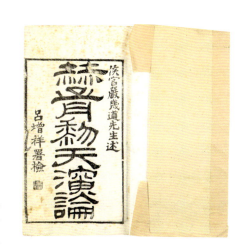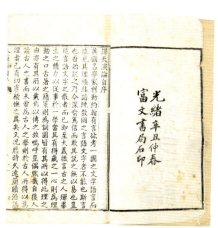

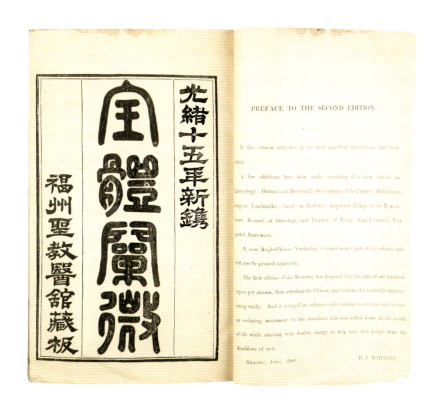

《全体阐微》

（美）柯为良译　林鼎文整理
光绪六年（1880年）刊
中国国家博物馆藏

　　本书是1858年问世的医学权威著作《格氏解剖学》的删节本，较早将科学的解剖学知识介绍到了中国，书中附有260幅插图，使内容与图谱易于对照参考。

◇ 学技制器 ◇

对于西方传来的科技知识，中国学者起初试图将其纳入中国学术传统、转化为中国学术资源，后来则逐渐认可其与中国学术传统并立的地位。这些吸纳、融汇西学的尝试不仅为中国传统学术尤其是天算之学注入了活力，更让越洋而来的西方科技在中国大地上得以生根发芽。

铁炮

明崇祯二年（1629 年）
中国国家博物馆藏

明朝后期，西方先进的红夷大炮传入中国。与中国传统火器相比，这种火炮口径大、炮管长、管壁从炮口到炮尾逐渐加粗，炮身两侧有炮耳，能够俯仰调整射角，配有铳规、铳尺用以计算火药用量改变射程，并有前后准星等测量瞄准设备，因而具有射程远、威力大、精度高等特点。在徐光启的主导下，明朝多次从澳门购进大炮，并开始按照新法仿制，其中福建、广东、广西官员利用该地区先进的冶铸技术，铸炮数量最多。此炮"重二千斤"，炮身铭文"崇祯二年吉日军门王造督造官陈汝器"，为时任两广总督的王尊德下令铸造，运至北京供守城之用。

镀金铜量角规

清康熙（1662 年—1722 年）
中国国家博物馆藏

　　康熙皇帝对西方数学兴趣浓厚，这件量角规就是清宫造办处制造的西式数学仪器。量角规又称角尺，系在一个半圆弧形器之中心安装一个能自由滑动的尺，使用时将滑动的尺对准半圆上的刻度，即可测量角度。

天球仪

清康熙十三年（1674年）
中国国家博物馆藏

　　天球仪又称"天体仪"，是综合演示天体运行情况的仪器。康熙年制天球仪从设计主导思想到结构、制度等细节均引入西方天文学中的关键内容，与中国传统浑象区别在于包含了南极附近的星象。原仪器为康熙八年至十二年(1669年——

1673年)，康熙帝命耶稣会士南怀仁主持设计建造的六架大型天文仪器（天体仪、赤道经纬仪、黄道经纬仪、地平经仪、象限仪和纪限仪）之一，安置于今北京建国门古观象台。本件为据原仪器缩小仿制。

铜镀金楼式钟

清（1644年—1911年）
中国国家博物馆藏

    明朝后期，欧洲传教士将自鸣钟带入宫廷。清朝宫廷设置了钟表作坊自行仿制。钟表的传入，给明清时期的时间计量带来了全方位的变化。

铜镀金望远镜

清（1644年—1911年）
中国国家博物馆藏

　　望远镜发明于17世纪初的欧洲，被伽利略用于天文观测。明万历三十八年（1610年）来华的葡萄牙传教士阳玛诺在《天问略》一书中将望远镜介绍到中国，德国传教士汤若望最先将欧洲制造的望远镜带到中国，并与中国学者李祖白合作完成专论望远镜的著作《远镜说》，将当时最先进的天文学知识传入中国。明末清初，各种西式望远镜被带入宫廷，在天文观测、大地测量和军事活动中发挥了作用。这件望远镜是18世纪英国伦敦吉尔伯特父子公司制造的。

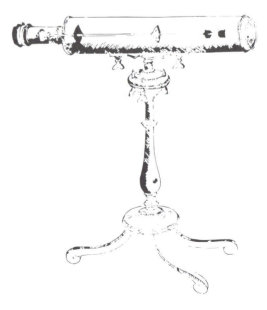

采自允禄等：《皇朝礼器图式》卷三"摄光千里镜"

活动旋转炮架（模型）

清道光（1821 年—1850 年）
中国国家博物馆藏

　　丁拱辰（1800—1875），清晋江（今属福建）人。他于第一次鸦片战争期间参考欧洲火炮炮架，改进设计了可以灵活转动的"活动旋转炮架"，曾在作战中使用。本件模型是战后经过改进的式样。

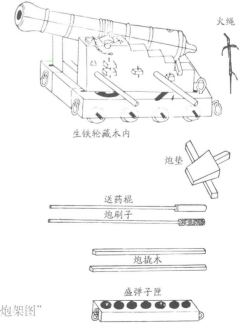

火绳

生铁轮藏木内

炮垫

送药棍

炮刷子

炮撬木

盛弹子匣

采自丁拱辰：《演炮图说》"活动旋转炮架图"

◇ 负笈海外 ◇

19世纪中期，少数中国学生在西方传教士的帮助下赴海外求学。19世纪70年代起，通过政府派遣或自费留学的方式，一批批学子赴海外学习军事和科学技术。20世纪以来，大批留学生归国，逐步建立起具有本土化特征的中国科学文化体系，促进了近代中国科技与社会的进步。

1872至1875年，清政府先后派遣四批共120名10—16岁的幼童赴美国学习军政、船政、步算、制造诸学。这是中国最早的官派留学生。他们回国后为中国近代化作出了一定贡献。

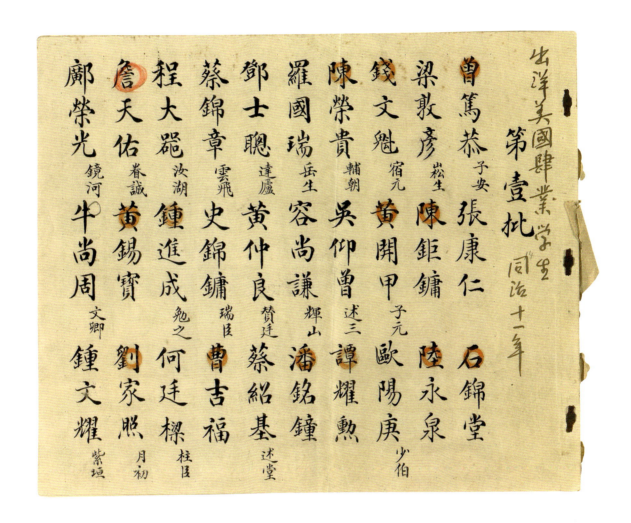

第一批官派留美学生名册

中国国家博物馆藏

第一批留美学生共30名，出国时年龄仅10—16岁，故又被称为留美幼童。其中多人后来成为中国近代铁路、电报、工矿等事业的先驱。这是詹天佑收藏的第一批留美幼童名册。

詹天佑（1861—1919），字眷诚，中国近代杰出的铁路工程师，1881年毕业于美国耶鲁大学。他主持修建了我国自行设计修筑的第一条铁路——京张铁路。

THE COMPTON EFFECT AND TERTIARY X-RADIATION

BY Y. H. WOO

RYERSON PHYSICAL LABORATORY, UNIVERSITY OF CHICAGO

Communicated January 7, 1925

This research is a continuation of that by Compton and Woo[1] and was performed to obtain data which bear upon the important question under discussion at the present time, namely, the nature of the change of wavelength due to the scattering.

The exact arrangement of the apparatus was described in the note referred to.[1] The water-cooled molybdenum target tube was operated at about 60 kilovolts peak and 50 milliamperes. In the present work, however, instead of a wood box covered with lead to contain the X-ray tube, the box was completely lined with $1/16$ inch lead sheet. This was designed to avoid a possible box effect, as described by Allison, Clark and Duane,[2] due to the secondary radiation coming from the carbon and oxygen atoms composing the wooden walls of the box.

The secondary radiators used were rock-salt, magnesium, aluminium, silicon and sulfur. They were all in the form of flat plates. The rays scattered from rock-salt may be regarded characteristic of sodium and chlorine.

The results of the experiments are shown in figure 1. The spectra from sodium, magnesium and aluminium are identical in character with those obtained by Compton and Woo[1] with the X-ray tube in a wood box. The box effect is thus not detected by the present work. The spectra from silicon and sulfur show in each case an unmodified line P occurring at the same position as the fluorescent Mo $K\alpha$ line and a modified line whose peak M is within experimental error at the position predicted by Compton's theory.[3] A detailed examination of the box effect and the confirmation of the wave-length shift in the case of scattering from sulfur by a photographic method is described in the following note by Prof. Compton and Mr. Bearden.

Recently Clark, Duane and Stifler[4] have published accounts of experiments on measurements of the wave-lengths of molybdenum $K\alpha$ rays scattered from ice, rock-salt, aluminium and sulfur. Their results indicate the presence of tertiary radiation whose minimum wave-length is $\lambda\lambda_k/(\lambda_k - \lambda)$, where λ is the wave-length of the incident rays and λ_k is the critical K absorption wave-length of the scattering element.

In figure 1, T marks on each curve the position of the short wave-length limit of the tertiary radiation for the corresponding scattering element. Under the condition of the present experiment the writer found, in every case of the five radiators used, no evidence for the peak of the

《康普顿效应与三次 X 射线辐射》论文

中国国家博物馆藏

本论文为吴有训著，首次发表于 1925 年 2 月的《美国国家科学院院刊》。吴有训（1897—1977），著名物理学家，中国近代物理学奠基人，1921 年赴美入芝加哥大学留学，随物理学家康普顿参加关于 X 射线散射研究工作，测量了 15 种轻元素的 X 射线散射光谱图，验证了康普顿效应。康普顿效应又称康普顿散射，指 X 射线被较轻物质（石墨、石蜡等）散射后，散射谱线中除了原有波长的 X 射线之外，还增加了波长更长的成分，康普顿认为这种现象是由光量子和电子的相互碰撞引起的。康普顿效应第一次从实验上证实了爱因斯坦提出的关于光子具有动量的假设。

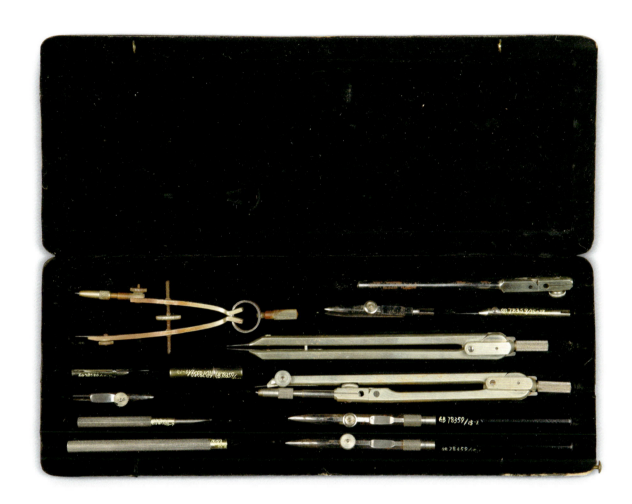

绘图仪器

中国国家博物馆藏

　　此套仪器为王绍曾在法国留学时使用。王绍曾（1912—1997），航空发动机专家。他于1935年—1945年留学法国，归国后任云南大学航空工程系教授兼系主任。中华人民共和国成立后，王绍曾任华北大学工学院航空工程系教授兼发动机教研组组长，1952年参与组建今北京航空航天大学并长期任教，参与发起成立中国航空学会。

显微镜

中国国家博物馆藏

　　此显微镜为贺康在法国留学时购买，用于观察柞蚕胚胎发育。贺康（1898—1975），蚕桑学家。他于1917年—1924年留学法国、意大利，归国后在无锡创办"亚宾蚕业研究所"，选育出多个柞蚕良种。中华人民共和国成立后，他从事柞蚕业开发工作，著有《柞蚕生物学讲义》。

血压计

中国国家博物馆藏

　　此血压计为刘崇智在法国留学时使用。刘崇智（1915—1997），外科专家。他于1935年—1945年留学法国，归国后开展临床与教学工作，擅长腹外科、胸外科、泌尿外科，建立了云南省第一个胸外科。

兴办科教事业

进入20世纪，随着改革学制、确立现代教育制度，以及海外留学生的归来，科技界知识分子群体逐渐成型，开始探索现代科技在中国实现本土化的道路，创建科研机构，组织科技团体，开展学术交流，推进制度建设。20世纪20至40年代，科学技术对中国社会的影响力不断扩大，科学教育体系逐步完善，科学团体和科研机构陆续创建，具有本土化特征的中国科学文化体系逐步建立起来。

◇ 改革学制 ◇

随着洋务运动兴起，将科学纳入教育体系的诉求不断加强，以现代科学知识为主要内容的教育体系逐步得以建立。20世纪初，清政府仿日本学制颁布癸卯学制，废科举，创办新式学堂，中国近代教育走向制度化、法制化。1922年，北洋政府在美国学制基础上颁布实施壬戌学制，逐步建立起包含科学知识的教育体制。

《变通政治人才为先遵旨筹议折》抄本

刘坤一、张之洞
清光绪二十七年（1901年）
中国国家博物馆藏

光绪二十七年（1901年），为呼应清廷发布的变法上谕，两江总督刘坤一、湖广总督张之洞会衔连上三折，奏请变法，称"江楚会奏变法三折"，成为清末实施"新政"的范本。其中第一折《变通政治人才为先遵旨筹议折》以教育制度改革为主，主张逐渐取消科举、大力兴办新式学堂、停武科、奖游学，此折内容基本得到落实，八股文考试于光绪二十八年（1902年）取消。光绪三十一年（1905年），清政府宣布自次年起停止科举考试，科举制度正式废除。

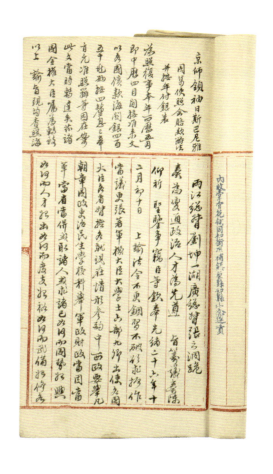

《奏定学堂章程》

清光绪二十九年（1903 年）
中国国家博物馆藏

　　此章程是清朝政府颁布的关于学制的法令，于 1903 年（农历癸卯年）由张百熙、张之洞等奏拟，故又称"癸卯学制"。除规定学制系统外，还订立了学校管理法、教授法及学校设置办法等，施行至辛亥革命为止，是中国近代第一个以教育法令公布并在全国实行的学制。

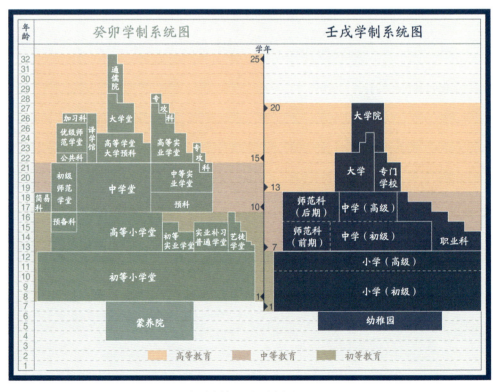

癸卯学制与壬戌学制对比图

邮传部上海高等实业学堂毕业文凭

清宣统元年（1909 年）
中国国家博物馆藏

　　光绪二十二年（1896 年），盛宣怀于上海创设南洋公学，这是中国近代大、中、小学三级制学校的雏形。1906 年，学校改名邮传部上海高等实业学堂，设铁路、电机等科。该校1921 年与其他学校合并为交通大学，是今天上海交通大学的前身。文凭主人梁启英为第二批留美幼童梁普照的后人，于1909 年毕业，是詹天佑的学生和同事，参与了粤汉、广梅等多条铁路的设计和建设。

京师大学堂奖章

清光绪三十二年（1906 年）
中国国家博物馆藏

　　京师大学堂是中国近代最早的国立大学，光绪二十四年（1898 年）创立于北京，为戊戌变法的"新政"措施之一。光绪二十八年（1902 年）开设预备科（政科、艺科）及速成科（仕学馆、师范馆）。次年增设进士馆、译学馆及医学实业馆。宣统二年（1910 年）发展为经、法、文、格致、农、工、商七科。1912 年改名为北京大学。

175

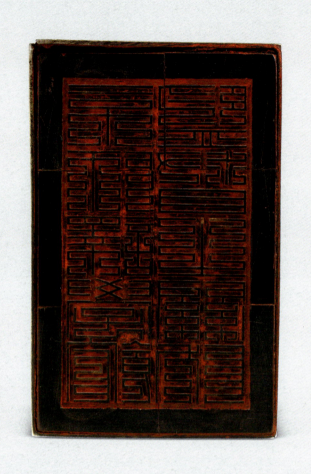

京师译学馆监督之关防

清光绪二十九年（1903年）
中国国家博物馆藏

光绪二十九年（1903年），京师大学堂
设立京师译学馆，以培养高级翻译人才为宗
旨，设有英、法、俄、德、日五国语言文学科，
学制五年。除外语外还有物理、化学等自然
科学学科。1912年归入北京大学。

"奏办蚕业讲习所"徽章

清宣统元年（1909年）
中国国家博物馆藏

清末"新政"时期仿效日本的教育制度，
将实业教育列入学制，宣统元年（1909年），
绅士魏震在北京创办了首个蚕业讲习所，由
农工商部资助，旨在为蚕桑教学培养师资。

◇ 兴办大学 ◇

　　新式教育的发展为兴办现代大学提供了基础。壬戌学制颁布后，许多专门学校升格为大学，到1926年，教育部备案的专门以上学校共计92所。南京国民政府成立后，对大学进行整顿，到1936年，全国备案的专科以上高校有110所，其中大学42所、独立学院38所、专科学校30所。

"北京大学"徽章
中国国家博物馆藏

　　1916年，蔡元培任北京大学校长后进行了一系列改革，1919年设立了数学、物理、化学、地质等理科院系，还鼓励学生组建了地质学会、数学会等研究会。

"清华大学"徽章
中国国家博物馆藏

　　清华大学前身为清政府用美国退还的庚子赔款开办的留美预备学校。1912年改名清华学校，自1926年开始设立理科院系。1928年改名国立清华大学后，于次年成立理学院，下设算学、物理、化学、生物、心理、地学六系，1935年设理科研究所。

"师大"徽章

中国国家博物馆藏

　　光绪二十八年（1902年）京师大学堂开设师范馆，1912年改名为北京高等师范学校，设立数学、物理、化学、生物等自然科学专业，1931年，与北平女子师范大学合并，定名为国立北平师范大学，设理学院。该校为今北京师范大学的前身。

"浙大化学工程学会"徽章

中国国家博物馆藏

　　浙江大学前身为创立于光绪二十三年（1897年）的求是书院，1928年定名国立浙江大学。1936年，竺可桢出任校长，使浙江大学科学事业得到很大发展，崛起为中国著名大学之一。化学工程学会是浙江大学工学院成立的专业性学术团体，成立于20世纪30年代，创办《化工》等学术刊物。

中山大学"抗敌救国"纪念章

中国国家博物馆藏

　　1924年，孙中山创办国立广东大学，1926年7月17日更名为"国立中山大学"，为今中山大学前身。学校数学、天文、医学教育水平居于国内前列，1929年建成中国第一座大学天文台。

"交通传习所铁路工程专修科"徽章

中国国家博物馆藏

宣统元年（1909年），清政府创办北京铁路管理传习所。1912年，学校隶属交通部，取名为交通部交通传习所，1921年并入交通大学。该校是今天北京交通大学的前身。

"河南大学第三届运动会优胜"纪念章

中国国家博物馆藏

河南大学前身为1912年创办的河南留学欧美预备学校，1927年改名为国立开封中山大学（国立第五中山大学）。1930年更名为省立河南大学，设有文、理、农、医等自然科学学院。

"国立东北大学"徽章

中国国家博物馆藏

　　东北大学1923年创立于沈阳，有理、工、农科学院，1928年在中国综合性大学中开设第一个建筑系。"九一八"事变后内迁，1937年改名为国立东北大学。该校为今东北大学前身。

"北平大学医学院"徽章

中国国家博物馆藏

　　成立于1912年的北京医学专门学校是中国第一所国立西医学校，1928年改名为国立北平大学医学院，1946年更名为北京大学医学院。

"南开大学"徽章

中国国家博物馆藏

　　南开大学于1919年由严范孙、张伯苓创办，首任校长为张伯苓。初创时设文、理、商三科，后陆续改科为学院，开设医预科。1931年增设化学工程系、电机工程系。1932年设应用化学研究所。1946年改为国立。

"中法大学"徽章

中国国家博物馆藏

中法大学成立于1920年，在由蔡元培组织发起的留法俭学会与法文预备学校和孔德学校的基础上组建而成，首任校长为蔡元培。学校设有镭学研究所、理学院、药学专修科等自然科学系所和各类实验室。中华人民共和国成立后，学校本部和数学、物理、化学三个系并入北京理工大学前身华北大学工学院。

"南通大学"徽章

中国国家博物馆藏

1928年，由张謇创办的私立南通农科大学、私立南通医科大学、私立南通纺织大学合并组建私立南通大学。1930年更名为私立南通学院。

"燕大"徽章

中国国家博物馆藏

燕京大学由英、美基督教教会开办，校址在北京。1919年由通州华北协和大学、北京汇文大学合并而成，次年华北女子协和大学也并入，设有文、理、法三学院。

◇ 创办机构 ◇

辛亥革命后，中央地质调查所等中国自办的真正意义上的科研机构陆续产生。20世纪20年代末，规模较大、建制完整的国立中央研究院和国立北平研究院相继成立。1940年，中国共产党在延安创建自然科学院，对科学技术在边区的发展与传播起到一定促进作用。

1914年，留美学生创建中国科学社。随着留学生归国，海外社团工作重心移回国内。一批新社团尤其是专科性学会相继成立，通过互通信息、组织会议、开展合作研究、创办同人刊物、进行科普活动，推动中国科技事业的成长。

中央地质调查所成立于1913年，是中国最早的地质调查和教育机构，也是近代中国最有影响力的科研机构之一。

"北京人"头盖骨化石（复制品）

中国国家博物馆藏

　　1927年，由中央地质调查所主持、协和医学院参与合作组成野外发掘队，选址周口店开始发掘工作。1929年，裴文中在北京周口店龙骨山发现了一个完整的"北京人头盖骨"，证实了50万年前的北京人（学名为北京直立人）的存在。

中央研究院"知难行易"徽章

中国国家博物馆藏

　　徽章上部有"国立中央研究院"字样，中心菱形图案周围为"知难行易"四字，下部九颗星环绕，代表中央研究院成立初期设立的物理、化学、工程、地质、天文、气象、历史语言、心理和社会科学几个研究所。"知难行易"出自孙中山关于知行关系的学说，"天下事惟患于不能知耳，倘能由科学之理则以求得其真知，则行之决无所难。"

"北京中央医院开幕纪念品" 章

中国国家博物馆藏

　　北京中央医院创建于1918年，是中国人自己集资在北京创办的第一所新式医院，由著名医学家伍连德倡议创建，是今北京大学人民医院的前身。

"教育部中央观象台" 徽章

中国国家博物馆藏

　　1912年，蔡元培任教育部长后，在北京创建中央观象台，设历数、天文、气象、地震、地磁各科，中央观象台的设立开创了中国的气象事业。1934年，中国的气象及观测中心移至南京紫金山观象台。

中国科学社分股委员会章程

中国国家博物馆藏

　　中国科学社是中国最早的综合性科学团体，1914年由在美国的中国留学生创办，首任社长为任鸿隽。学会宗旨为"联络同志，研究学术，以共图中国科学之发达"，主要工作为开展各类学术和社会活动，向公众宣传科学知识、普及科学理念，在中国科学发展史上具有重要意义。分股委员会章程于1916年5月通过，将学会按不同学科分为物理、算学、化学、机械工程、土木工程、农林、生物等股，分别承担专门学会的责任。

中华工程师学会成立前后立案呈文及
各部批文

中国国家博物馆藏

　　中华工程师学会于1912年在广东成立，詹天佑为会长，1931年在南京与中国工程学会合并为中国工程师学会。该会宗旨是"联络工程界同志，协力发展中国工程事业，并研究促进各项工程学术"，主要活动为普及科学知识、研究工程技术、参加经济建设。学会吸引了大批学者及工程技术人员，成员多达16 000余名，是当时规模最大的学术团体。

创办新式工业

19世纪60年代，中国近代工业在谋求富国强兵的洋务运动中逐渐萌生。此后数十年经过官私资本积累，近现代工业的若干门类逐步建立，且曾在国内外形势较缓和的若干时期得以快速发展。因社会动荡、基础薄弱，直至20世纪中叶，中国尚未建成独立完整的工业体系，在国际分工中处于弱势，且地域、行业发展极不均衡，技术水平较低。

◇ 军事工业 ◇

　　由于列强侵略的刺激和内外战争的需要，近代中国对发展军事工业的需求尤为迫切。各种政治力量都对此投入大量资源，创办了一系列军工企业，包括晚清时期的江南制造总局、汉阳兵工厂，南京国民政府创办的金陵兵工厂、中央杭州飞机制造厂等，以及中国共产党为革命斗争需要创办的若干兵工厂。

　　江南制造总局创立于同治四年（1865年），主要制造枪炮弹药和造船，是洋务运动中创办的首个规模较大的军工企业。上图为江南制造总局大门；下图为江南制造总局炮厂机器房。

"江南制造局造小口径毛瑟枪"标证

清光绪二十六年（1900 年）
中国国家博物馆藏

　　江南制造总局继汉阳兵工厂后于1898年
左右开始仿制德国M1888式7.9毫米口径步
枪，称为"改造小口径毛瑟步枪"。

"福州船政成功"御赐金牌

中国国家博物馆藏

　　福州船政局主体于同治八年（1869年）
完工后，清政府与法国工程人员签订了5年
合同，合同期满时，中方已能自行建造军舰，
清政府向参与建设的法国人员颁发金牌以示
奖励。

汉阳式步枪

中国国家博物馆藏

汉阳兵工厂于清光绪二十一年（1895年）开始仿制德国M1888式7.9毫米口径步枪，定名为"汉阳式步枪"，俗称"汉阳造"。该枪由各地兵工厂陆续生产至1944年，产量超过百万支，是中国近代产量最大、装备部队最多的步枪。在辛亥革命、抗日战争、解放战争直至抗美援朝战争中都发挥了作用。

金陵机器局生产的后膛抬枪

中国国家博物馆藏

　　抬枪是一种19世纪清军大量装备的火枪，发射时须两人操纵，一人在前充当枪架，将枪身架在肩上，另一人瞄准发射，原为前装滑膛、散装黑火药、火绳点火。清光绪十二年（1886年），金陵机器局研制成后膛抬枪，具有射程远、威力大等特点，总产量超过千支，曾在甲午战争中大量使用。

◇ 基础工业 ◇

为满足军事工业和经济建设在能源、原料和基础设施等方面的需求，近代中国官私资本维持了对基础工业的投入，铁路、矿冶、化工和石油等方面的生产建设均有所发展。

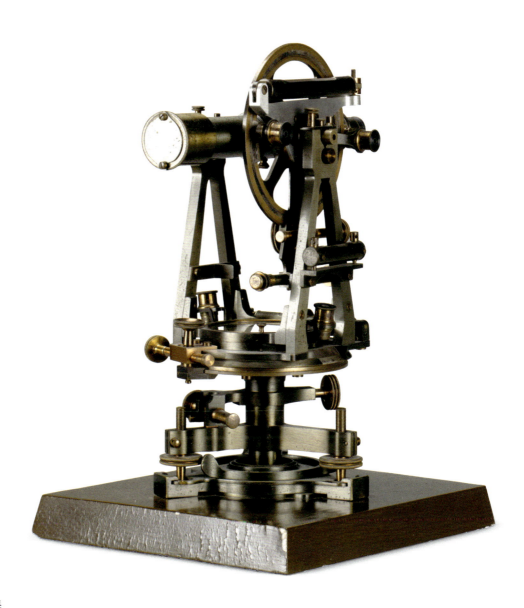

詹天佑测绘京张铁路线的仪器

中国国家博物馆藏

这是詹天佑为测量京张铁路专门于光绪三十三年（1907年）向英国特劳顿·西姆斯（Troughton & Simms）制造厂定制的测量经纬仪，仪器侧面刻有詹天佑的英文名字缩写"T.Y.JEME"。

自动挂钩模型

中国国家博物馆藏

京张铁路八达岭段山岭陡峭，詹天佑合理运用了美国珍氏自动挂钩（Janney Coupler），将车厢与车头连为一个整体，从而保证了爬坡安全。

京绥铁路通车纪念鸠车

中国国家博物馆藏

京绥铁路是京张铁路的延伸。清政府原计划展修张家口至绥远（今呼和浩特）的铁路，因辛亥革命爆发而停工。此后工程时断时续，1916年时，京张、张绥铁路改称京绥铁路，1921年通车至绥远，1923年1月通车至包头，全长817.9千米。京绥铁路对于促进西北各省的经济发展起到了重要作用，是当时国内五大铁路干线之一。这件鸠车是1921年7月1日铁路通车仪式上赠送给相关人员的纪念品。

津榆铁路戴河桥截段

清光绪二十年（1894年）
中国国家博物馆藏

　　清光绪七年（1881年），中国第一条自
建货运铁路唐胥铁路建成。后经不断延展，
至1894年，该铁路南起天津，北至山海关，
更名为津榆铁路（山海关旧称榆关）。戴河
桥是位于津榆铁路北戴河站东端的一座2孔
半穿式单线钢桁梁桥，全长34.75米。这是
该桥桁梁的截段。

京汉铁路黄河铁桥桥墩管桩

中国国家博物馆藏

京汉铁路黄河大桥是中国第一座横跨黄河的钢结构铁路大桥。京汉铁路原名卢汉铁路，由卢沟桥经郑州至汉口，是清政府准备自建的第一条铁路。清光绪十五年（1889年），在洋务运动大背景之下，湖广总督张之洞等奏请修建卢汉铁路。1898年清政府委托比利时公司修筑铁路并承建黄河铁桥。1906年大桥通车，全长3015米，是民国时期国内最长的铁路桥。桥梁基础设计采用铸钢管桩，桩上端设置桥箱、支座垫梁等以承托钢梁。这是构建桥梁墩台所用的铸钢管桩。

钱塘江桥是中国工程师自主设计建造的中国第一座公路、铁路两用桥，由茅以升、罗英主持，1935年全面开工，1937年建成通车，全长1453米，沟通了沪杭铁路和浙赣铁路，并把华东公路干线连接起来。

峰峰煤矿矿灯

中国国家博物馆藏

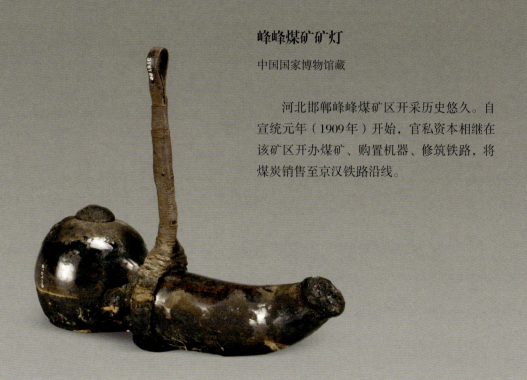

河北邯郸峰峰煤矿区开采历史悠久。自宣统元年（1909年）开始，官私资本相继在该矿区开办煤矿、购置机器、修筑铁路，将煤炭销售至京汉铁路沿线。

萍乡煤矿矿灯

中国国家博物馆藏

萍乡煤矿的开采历史可以追溯至宋代，光绪二十四年（1898年）开始进行现代化大规模开采。1908年，它与汉阳铁厂、大冶铁矿合并组建汉冶萍煤铁厂矿公司，这是近代中国规模最大的煤钢联合体。

汉阳铁厂创立于光绪十六年（1890年）。1908年，它与1891年开办的大冶铁矿、1898年开办的萍乡煤矿合并扩充为煤钢联合企业汉冶萍煤铁厂矿公司。图为汉阳铁厂。

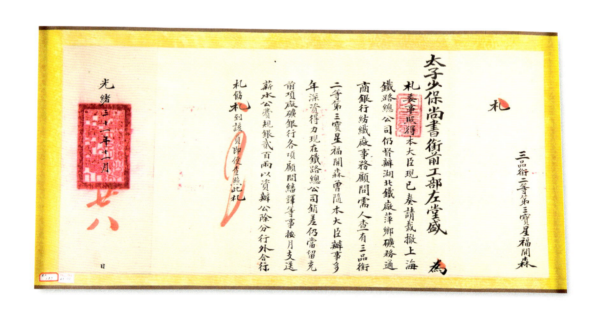

盛宣怀委任福开森为湖北铁厂萍乡矿务通商银行 纺织厂顾问札

清光绪三十一年（1905年）
中国国家博物馆藏

19世纪末，湖北省通过"官督商办"方式兴建了一系列近代工厂，引进设备，仿用西法，聘用西人。其中的汉阳铁厂、大冶铁矿、萍乡煤矿等于1908年合组成为中国最早的煤钢联合企业，并推动了武汉的产业聚集与城市化。本件为当时总理湖北煤铁事业的盛宣怀委任来华多年的加拿大籍传教士福开森为顾问的文书。

江苏省立南京电灯厂下关发电所于1920年建成发电，1928年改称首都电厂，其后多次添置机组并进行扩建，至1949年装机总容量达到3.6万千瓦，是民国时期南京唯一的公用电厂。

永利制碱公司1917年成立，打破国外技术垄断。1934年改组为永利化学工业公司，所属永利锭厂是中国第一座化肥厂、当时亚洲最大的化工厂，先后创造30多项中国化工之最。图为永利制碱公司实验室。

光绪二年（1876年），清政府在福州开办电报学堂，开始培养有线电报人才。1879年，聘请德国人架设天津至北塘、大沽口炮台的有线电报线路。1880年，天津电报总局设立。图为天津电报总局。

"北京电报总局"徽章

中国国家博物馆藏

北京电报总局设立于光绪三十三年（1907年），为华北地区电报业务中心，与除西藏外的全国各地初步构成了大体完整的有线电报干线通信网。

北京贻来牟和记制造机器铁工厂生产的印刷机

中国国家博物馆藏

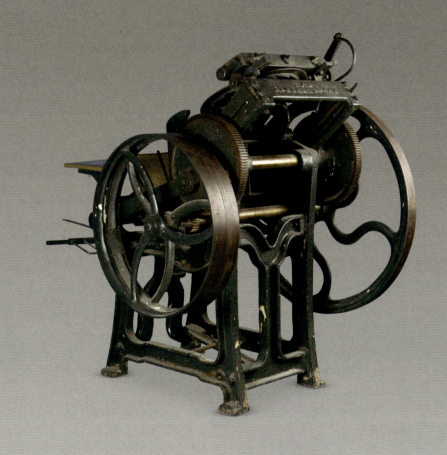

北京贻来牟和记制造机器铁工厂前身为宣统二年（1910年）成立的贻来牟和记面粉公司。20世纪20年代以后，依靠原厂机器修理厂的设备成立制造铅石印刷机器的铁工厂，是北京最早生产印刷设备的专业工厂。此台印刷机属于圆盘印刷机，印刷时，着墨辊先在匀墨圆盘上获得均匀的油墨，然后与印版接触进行着墨，同时匀墨圆盘作间歇转动将油墨匀好，压印机构完成压印过程，可由内燃机或电动机带动，每小时可印千张以上。

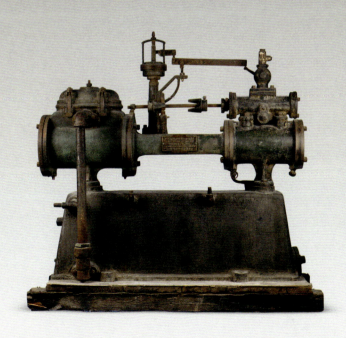

往复式蒸汽泵

中国国家博物馆藏

洋务运动时期，蒸汽动力带动的机器开始传入中国。这是美国福斯特（Foster）公司生产的往复式蒸汽泵，它以高压蒸汽作为动力，推动汽缸活塞，而汽缸活塞又直接带动和它连接在一起的泵缸活塞工作，可用于抽取各种液体、气体。

◇ 民生工业 ◇

近现代科技的产生和发展不仅变革了生产方式，也催生了新的职业和新的生活方式。面对外国商品的倾销和恶劣环境的阻碍，中国轻工业从业者克服困难，在纺织、食品、日化等方面创建了一批民族企业，为挽回利权、发展经济、改善民生作出了贡献。

兰州织呢局于光绪四年（1878年）开设，是中国第一家机器毛纺织厂，机器购自德国，原料用西北所产羊毛。1880年建成开工。

"纺织新局花厂"牌

中国国家博物馆藏

上海纺织新局，又称华新纺织新局，是清末最早的机器纺织厂之一。清光绪十四年（1888年）在上海筹办，1891年开工，资本45万两白银，初设纱锭12 000枚，布机200台。1907年被私人收购，改名恒丰纺织新局，又称恒丰纱厂。花厂是进行轧花工序的车间，工作为将棉纤维从棉籽上轧下。

张謇浮雕铜像

（现代） 郭效儒作
中国国家博物馆藏

张謇（1853—1926），实业家、教育家、江苏南通人。他是中国近代"实业救国论"的提倡者之一，主张振兴实业应以棉纺织工业和钢铁工业为中心，带动其他经济部门发展，达到民富国强的目标。

大生纱厂使用的梳棉机盖板

中国国家博物馆藏

大生纱厂是清末张謇于南通创办的著名私营棉纺织企业。光绪二十五年（1899年）正式开始生产，次年集股筹设通海垦牧公司，建立纱厂原料基地。1907年，大生二厂在崇明建成，至20世纪20年代，形成以纱厂为核心，包括十多家企业的大生资本集团。这台梳棉机是英国曼彻斯特赫直灵登公司（Hetherington）1895年的产品，为湖广总督张之洞订购，原准备在武昌设立纺织厂，后由张謇用于创办大生纱厂。

梳棉是棉纺过程中一道重要的工序，利用梳棉机将棉卷或散棉分解成单根纤维，清除其中的杂质，使单根纤维充分混合并均匀分布，压制成均匀的棉条，以供下一步工序使用。盖板是梳棉机机件之一，为T字形截面的铸铁狭板，平顶面上包有针布。每台梳棉机上由数十至百余块盖板平行联结成一整圈，盖于圆拱上方。盖板与圆拱两者的针尖相对且极接近，能梳理纤维并除去其中一部分杂质和疵点。

无锡振新纺织股份有限公司的"富贵团鹤"商标

中国国家博物馆藏

　　无锡振新纺织厂由荣氏兄弟在光绪三十一年（1905年）筹建，1907年建成开工。1915年10月，在上海建申新纺织厂。到1931年底，申新纺织系统已有9家纺织厂，拥有纱锭46万枚，是当时规模最大的民族棉纺织业资本集团。

上海中华第一针织厂生产的"菊花牌"卫生衫

中国国家博物馆藏

　　机械针织技术于19世纪末传入中国。第一次世界大战后，针织业获得了发展。上海中华第一针织厂于1917年由谢梓南在上海创办，是当时上海规模最大、设备最先进（首先使用电机生产）、发展最快的针织厂。这是该厂生产的"菊花牌"卫生衫。

　　茂新面粉厂前身为荣宗敬、荣德生兄弟于光绪二十八年（1902年）在无锡开办的保兴面粉厂，1905年日生产能力达到800包，1916年更名为茂新第一面粉厂。图为茂新第一面粉厂1920年的厂房。

复新面粉厂印章

中国国家博物馆藏

　　复新面粉厂于光绪二十七年（1901年）创办于江苏南通，原名通州大兴面粉厂，利用大生纱厂多余动力磨制面粉。1909年改组成立复新机器面粉有限公司。

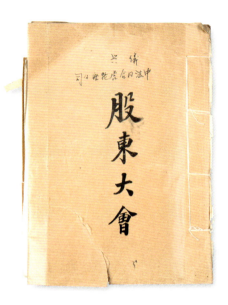

塘沽仪兴新记轮船公司资料

中国国家博物馆藏

塘沽仪兴新记轮船公司最初由法国商人于1912年开办，后改为中法合办，主要从事大沽、塘沽、天津间的驳运业务和河北内河航运。本册为股东大会资料，反映了该公司的运营状况。

"大中华民国机器公会"徽章

中国国家博物馆藏

机器公会由上海数家民族资本工厂成立于1912年，宗旨是使"工人学者能集合研究""自造出品为信用之实物"，奠立中国"富强之本"。孙中山在发起会上发表了题为《机器可以富国》的演说，提出"机器可以灌输文明，可以强国。我中国如不速起研究机器，我四万万同胞俱不能生存"。

"宝字牌"木圆钟

中国国家博物馆藏

　　烟台宝时造钟厂创建于1915年，注册商标"宝"字，是中国近代钟表工业最早的厂家之一，1931年与德顺兴五金行合并成立德顺兴造钟厂。图为该厂生产的木圆钟。

"宝字牌"木座钟

中国国家博物馆藏

　　德顺兴造钟厂的主要产品为摆钟，20世纪30年代年产量可达55 000只。这是该厂生产的座式摆钟。

八用钟

中国国家博物馆藏

　　上海中华教育用具制造厂制钟部创办于1929年，本钟由该厂著名工程师阮顺发设计，具有显示日、月、星期、温度、湿度、时间、时辰和日月相八项功能，故被称为八用钟。

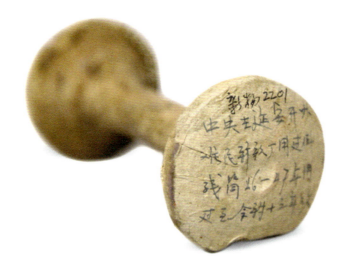

延安难民纺织厂的倒线轴

中国国家博物馆藏

延安难民纺织厂成立于1938年，可进行棉纺、毛纺生产，该厂注重技术改进，如竹筘及织布梭仿制，立式水轮动力机，木车床及卷经轴机的创造，打毛机、钻车、合股机的改造等，解决了不少器械工具上的困难。

创建于1938年的延安振华造纸厂以当地的马兰草为造纸原料，成功造出坚韧洁亮、可印书报的"马兰纸"，不仅解决了党政军机关的办公用纸和《解放日报》的印刷用纸，还解决了更高级的边币用纸。图为延安振华造纸厂车间。

"新华牌"肥皂

中国国家博物馆藏

　　陕甘宁边区延安新华化学工业合作社成立于1939年，后改称新华化学厂，是边区首个日用化学工业，图为该厂生产的"新华牌"肥皂。

"丰足牌"火柴

中国国家博物馆藏

　　延安西北火柴厂创建于1942年，1943年10月，成功研制出生产火柴必需的磷，1944年3月，更名为陕甘宁边区火柴厂。该厂充分利用边区群众发现的锰矿、军工厂制造硝酸的残渣等资源备齐了火柴的关键原料，成功生产出"丰足牌"火柴，结束了边区依靠火燧石取火的历史。

走向复兴

中华人民共和国成立后，中国的科学技术事业获得空前的重视与发展，科技实力伴随经济发展同步壮大，在满足国防需要、服务经济建设、改善人民生活等方面发挥了重要作用，中国也成为具有重要影响力的世界科技大国。在科技进步的强力推动下，中国成功走出了一条中国特色的新型工业化发展道路，建立起完整的现代工业体系，实现了从农业大国向世界性工业大国的历史性转变和跨越发展。

新
中
国
新
科
技

　　新中国成立以来，科技事业得到有组织、有计划的发展和建设。科技体制逐步建立和完善。国家对科技事业的投入持续增加，科研条件不断改善，重大科技成果不断涌现，中国科技事业与世界先进水平逐渐从跟跑走向并跑甚至在某些领域开始领跑。

◇ 科研条件 ◇

　　新中国成立后，在恢复和重建国民经济基础上，开启了大规模工业化进程。全面展开的工业建设亟须科技事业的支撑，而当时相对落后的科技水平难以满足现实需求。在此背景下，中国的科技事业得到了国家力量系统、全面的支持，成立科研机构、大规模培养科技人才、制定科技规划、完善科技经费管理制度、建立科技奖励制度、建设大型科学工程，为科技事业发展创造了空前的条件。

　　1949年11月，中国科学院成立。所属机构从最初的15个发展到今天的100余个，科研人员从千余名发展到今天近7万人，中国科学院参与和见证了我国科技事业自力更生、奋发图强的发展历程。图为中国科学院院部旧址（北京市文津街3号）。

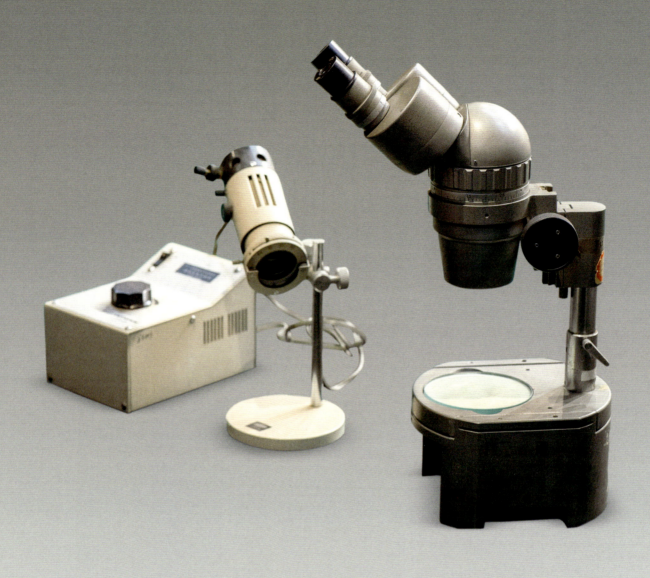

童第周使用的立体显微镜

中国国家博物馆藏

　　童第周（1902—1979），1950年受聘中国科学院实验生物研究所副所长，参与筹建我国第一个海洋科学研究机构——中国科学院水生生物研究所青岛海洋生物研究室（中国科学院海洋研究所前身），并任研究室主任。图为童第周使用的立体显微镜。

1949年12月，中国政府向海外知识分子发出"祖国需要你们"的号召，邀请海外知识分子回国参加建设。截至1956年底，近2000名旅居海外的科学家放弃优越的工作、生活条件，克服重重阻碍回国工作，其中许多人成为我国科技领域的开创者和奠基人，为新中国科学事业作出重大贡献。

1950年9月，一批从美国归来的留学生和学者在船上合影。

留美科协理事丁儆给政务院办理留学生回国事务
委员会秘书黄新民的信

中国国家博物馆藏

1949年6月，留美学生和科技工作者组织成立了留美中国科学工作者协会（留美科协），为动员组织留学生回国参加新中国建设做了大量有益工作。同年12月，政务院文化教育委员会成立办理留学生回国事务委员会。图为1950年4月，留美科协理事丁儆为办理留学生回国事宜给政务院办理留学生回国事务委员会秘书黄新民的信。

葛庭燧致钱学森的信

中国国家博物馆藏

1949年5月，留美科协中部分会负责人葛庭燧受托致信钱学森，转达中国共产党敦请他回国领导建设航空工业的期望。

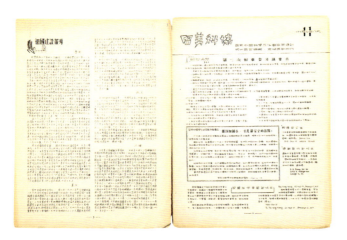

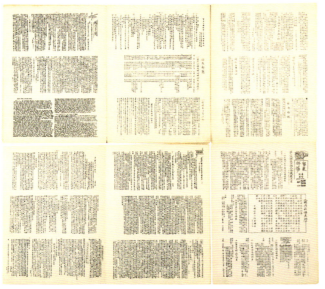

《留美科协通讯》

中国国家博物馆藏

留美中国科学工作者协会是1949年6月由留学美国的青年学生和科技工作者成立的进步科技团体，1950年9月解散。《留美科协通讯》是其内部刊物。从1949年7月至1950年9月，共编印13期（发行12期，第13期因协会解散未发行），每期发行数百份，为动员大批留学生归国参加建设起到了积极作用。

《克利夫兰轮第六十次航行归国同学录》
（复制品）

中国科协老科学家学术成长资料采集工程馆藏基地藏

1955年9月，钱学森等中国留美科学家乘"克利夫兰总统号"邮船离开美国回国。图为船上的中国学者组织印制的《同学录》，列出了各自从事的学科和通信地址。

陈士橹获得的莫斯科航空学院技术科学副博士学位证书

中国科协老科学家学术成长资料采集工程馆藏基地藏

陈士橹（1920—2016），飞行力学专家、中国工程院院士、中国飞行器飞行力学的学术带头人、中国航天事业和航天教育的开拓者与奠基人之一。20世纪50年代留学苏联，1958年获得苏联莫斯科航空学院技术科学副博士学位。

我国高度重视对科技成果进行奖励。1955年颁布了《中国科学院科学奖金暂行条例》。改革开放以来，先后颁布了《中华人民共和国发明奖励条例》《中华人民共和国科学技术进步奖励条例》《中华人民共和国科学技术进步法》等法律法规，设立国家最高科学技术奖、自然科学奖、技术发明奖、科学技术进步奖、国际科学技术合作奖等国家科技荣誉，奖励和鼓励科学技术研究和成果转化。

王淦昌"反西格马负超子发现"获得的

国家自然科学奖一等奖奖章

中国国家博物馆藏

王淦昌（1907—1998），核物理学家、中国科学院院士、中国核科学的奠基人和开拓者之一、两弹一星功勋奖章获得者。20世纪50年代末，王淦昌领导的研究组在100亿电子伏质子同步稳相加速器上做实验时发现了反西格马负超子，获得1982年国家自然科学奖一等奖。

顾震潮《云和降水物理研究》获得的国家自然科学奖证书和奖章

中国国家博物馆藏

顾震潮（1920—1976），气象学与大气物理学家。我国是干旱缺水的国家，人工降水试验是气象人员面临的重大课题。1956年，我国将人工降水试验、云雾物理研究列入《1956—1967年科学技术发展远景规划》，开创了我国大气物理学研究。图为该研究主要参与者顾震潮获得的1987年国家自然科学奖证书和奖章。

歼八飞机获得的国家科学技术进步奖特等奖证书和奖章

中国国家博物馆藏

歼八飞机是我国首款自主研发制造的高空高速战斗机，1965年5月立项，1969年7月试飞成功，1980年开始服役，先后研制出多个系列机型，其中歼8Ⅱ型飞机是20世纪80年代至21世纪初我国空军和海军航空兵主力战斗机种之一。1985年，歼八（白天型、全天候型）飞机被授予国家科学技术进步奖特等奖。图为主持歼八设计的顾诵芬获得的证书和奖章。

新中国成立以来，特别是改革开放以来，随着经济发展和综合国力提升，面向国际科学技术前沿，我国在大型科学工程上的投入不断增加，建成一批世界领先的大科学工程和设施，为国民经济、国防建设和社会发展作出战略性、基础性和前瞻性贡献。

北京正负电子对撞机（BEPC）退役的静电分离器直流高压电源的倍压塔

中国科学院高能物理研究所藏

北京正负电子对撞机是我国第一台高能加速器，1984年10月开工建设。中国科学院高能物理研究所和全国几百个单位的上万人，自力更生、团结协作，1988年10月16日首次实现正负电子对撞成功，1990年建成运行，1992年，精确测量出粒子物理标准模型中的τ轻子质量。2004年4月30日，北京正负电子对撞机完成实验任务、结束运行，进行升级改造，由单环改为双环对撞方案，原来对撞区用于束流注入期间正负电子束轨道分离的静电分离器退役。图为BEPC退役的静电分离器直流高压电源的倍压塔，通过它可以将较低的交流电压倍压整流为100kV（千伏）的直流电压。

对撞机是观察微观世界的显微镜。北京正负电子对撞机是中国科学院高能物理研究的重大科技基础设施，世界八大高能加速器中心之一。1984年10月开工建设。1988年10月16日首次实现正负电子对撞成功。它的建成和对撞成功，推动了中国高能物理及相关领域基础研究，带动了相关高技术产业发展，产生了巨大的经济和社会效益。

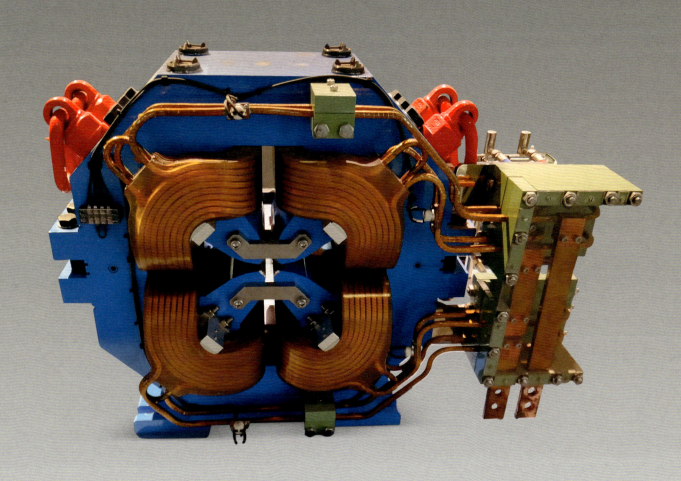

高能同步辐射光源（HEPS）储存环加速器关键设备超高梯度四极磁铁

中国科学院高能物理研究所藏

　　高能同步辐射光源是我国"十三五"规划优先布局的十大重大科技基础设施之一，位于北京怀柔科学城，由中国科学院高能物理研究所设计建设。2019年6月29日动工，计划2025年12月竣工。HEPS是一台能量为6GeV（千兆电子伏特）、基于衍射极限储存环加速器的第四代同步辐射光源，束流发射度、亮度等关键设计指标达到世界先进水平。图为HEPS储存环加速器关键设备超高梯度四极磁铁，用于电子束强聚焦，以获得极小的束流发射度。

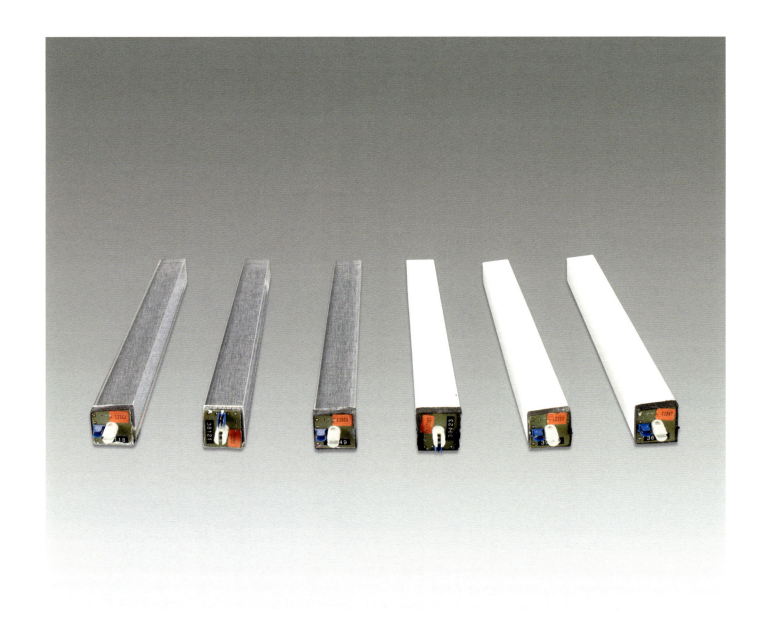

中国科学院上海硅酸盐研究所研制的锗酸铋晶体

中国国家博物馆藏

　　自20世纪80年代起，上海硅酸盐研究所为丁肇中组织和领导的欧洲核子研究中心正负电子对撞机高能物理实验（L3实验），提供了数以吨计的实验所需关键材料——大尺寸锗酸铋晶体，保证了实验顺利进行。这种晶体比重和钢相同，阻挡高能射线能力强、分辨率高，适合高能粒子和高能射线的探测，在基本粒子、空间物理和高能物理等研究领域有广泛应用，如今还被广泛用于工业及医学领域。

阿尔法磁谱仪（AMS）永磁体系统部件

中国国家博物馆藏

　　阿尔法磁谱仪实验，是包括中国在内10余个国家和地区的研究机构合作开展的大型粒子物理试验项目，目标是探测宇宙中是否存在反物质、暗物质。1998年6月，阿尔法磁谱仪搭乘发现号航天飞机飞行10天，获得大量科学数据。2011年5月搭乘奋进号航天飞机，被安装在国际空间站主构架上采集数据。它是第一个放在太空的精密磁谱仪。中国科学家和工程师参与研制、制造了阿尔法磁谱仪最关键的永磁体系统，包括用高性能钕铁硼材料制成的永磁体和支撑整个磁谱仪的主结构。这是AMS地面测试件系统部件。

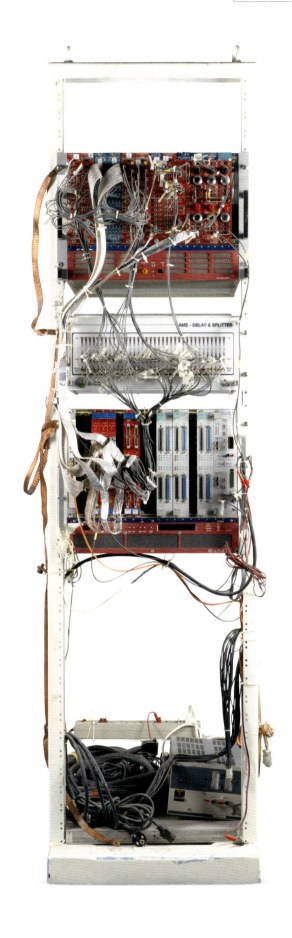

◇ **基础研究** ◇

　　在长期稳定的社会环境和持续有力的国家支持下，我国基础研究迅速发展，自然科学论文发表量跃居世界第一、引用率跃居世界第二，创新指数进入世界前15位，在化学、数学、材料科学等领域取得重要成果，为技术进步和工业发展奠定了坚实基础。

　　数学在基础研究里更为基础，是其他科学研究的主要工具。新中国成立后，中国数学研究取得了长足进步。

华罗庚《从单位圆谈起》手稿

中国国家博物馆藏

　　华罗庚（1910—1985），数学家、中国科学院院士、研究领域涉及多元复变数函数、数论、代数及应用数学等，许多定理、引理、不等式、算子与方法以他的名字命名。1950年回国后，他承担了建立中国科学院数学研究所的重任，工作重点转向培养青年学者，培养了一批优秀的学生。《从单位圆谈起》是1958年华罗庚为中国科学技术大学研究生撰写的教材。

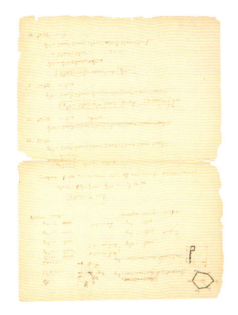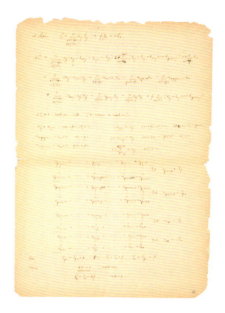

吴文俊首次手算验证"吴方法"的部分手稿

中国科协老科学家学术成长资料采集工程馆藏基地藏

吴文俊（1919—2017），数学家，研究涉及数学诸多领域。20世纪70年代，吴文俊把用计算机证明几何定理作为研究方向，做出革命性创新成果，被国际学界誉为"吴方法"。图为1977年吴文俊首次手算验证"吴方法"的部分手稿。

陈景润从事数学研究时使用的计算器

中国国家博物馆藏

陈景润（1933—1996），数学家，中国科学院院士。1966年5月，他在《科学通报》上发表"哥德巴赫猜想"证明，即《表大偶数为一个素数及一个不超过二个素数的乘积之和》（1+2）简要论文。1973年春，在《中国科学》上发表《大偶数表为一个素数及一个不超过二个素数的乘积之和》（1+2）命题证明论文。这一研究成果被称为"陈氏定理"，写进了美国、英国、法国、苏联、日本等国的数论书中。图为他从事数学研究时使用的计算器。

20世纪50年代以来，对青藏高原的综合科学考察持续展开，由点到线到面逐渐扩大，学科结构不断拓展。

国家测绘局第一大地测量队参加珠穆朗玛峰科学考察时使用的冰镐

中国国家博物馆藏

20世纪50年代以来，中国科学家和登山家合作，对珠穆朗玛峰地区多次进行科学考察活动，在研究珠峰的形成历史及其对于自然环境和人类活动的影响方面取得重要成果。

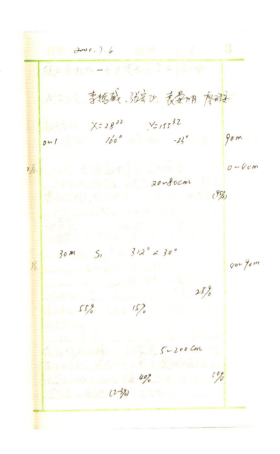

青藏高原科学考察时使用的野外记录本和工具

中国国家博物馆藏

　　中国地质大学李德威教授在青藏高原科学考察时使用的
野外记录本、放大镜和罗盘。

中国极地科学考察起步于20世纪80年代。1984年11月，中国首次组队赴南极科学考察，并建立了第一个永久性考察基地——中国南极长城站。随着中山站、昆仑站、泰山站等南极科考站相继建成并投入使用，中国科学家对南极进行海洋学、地质学、大气科学等多学科综合考察和研究，取得了重要的科研成果。1999年，中国以雪龙号科学考察船为平台，组织对北极的科学考察，并于2004年建立了北极黄河站。

中国第16次南极考察队采集的格罗夫山花岗质片麻岩风棱石

中国国家博物馆藏

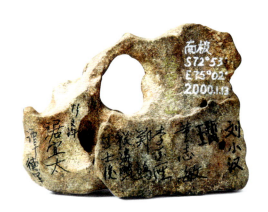

中国第16次南极考察，1999年11月1日从上海启航，按上海—中山站—智利蓬塔—长城站—中山站路线行驶，2000年4月5日抵达上海，历时157天，航行27 053海里，圆满完成了格罗夫山考察、大洋考察、收放沉积物捕集器以及站区度夏考察任务，获得了丰富的样品资料。图为格罗夫山科考队采集的花岗质片麻岩风棱石。

"中国北极科学考察"胸章（中英文）

中国国家博物馆藏

作为近北极国家，中国的气候环境受北极气候变化的影响。自1999年中国首次组织开展北极考察以来，截至2021年，中国组织了12次北极科学考察，获得了一批有价值的科学考察研究数据和样本。2004年7月28日建成我国第一个北极科考站黄河站，填补了我国北极科考的空白。图为中国北极科学考察队员佩戴的"中国北极科学考察"胸章。

深海高技术是海洋开发和海洋技术发展的最前沿和制高点，是国家综合实力的集中体现。经过多年刻苦攻关，从百米浅海到万米深海，中国科学家先后突破了多项核心深潜技术，以自主创新为核心的海洋科技为探索海洋提供了重要支撑。

蛟龙号载人潜水器模型（1:23）

中国国家博物馆藏

蛟龙号是中国自行设计、自主集成研制的作业型深海载人潜水器，设计最大下潜深度为7000米级，2012年6月，在马里亚纳海沟创造了7062米的中国载人深潜纪录，可在占世界海洋面积99.8%的广阔海域中使用，对于我国开发利用深海的资源有着重要的意义。从2013年起蛟龙号完成试验性应用航次全部下潜任务。

深海勇士号
———
作业能力：4500米级
最大下潜深度：4534米
载员：3人

蛟龙号
———
作业能力：7000米级
最大下潜深度：7062米
载员：3人

奋斗者号
———
作业能力：万米级
最大下潜深度：10 909米
载员：3人

中国载人深潜图表

大洋一号海洋科学考察船模型

中国国家博物馆藏

　　大洋一号是5600吨级现代化综合性远洋科学考察船，是我国远洋科学调查的主力船舶。此船于1984年在基辅造船厂建成，1994年，我国从俄罗斯购买并经改装后命名为大洋一号，用于我国大洋矿产资源调查。从1995年至今，它先后执行了我国大洋矿产资源研究开发专项的多个远洋调查航次和大陆架勘查多个航次的调查任务。

雪龙号极地考察破冰船模型

中国国家博物馆藏

该船原为1993年由乌克兰赫尔松船厂建造完成的维他斯·白令级破冰船，我国收购后将其升级改造为国内最大的极地考察船。它能以1.5节航速连续冲破1.2米厚的冰层（含0.2米厚雪层）。1994年10月首次执行南极科考和物资补给运输任务。作为中国第三代极地破冰船和科学考察船，雪龙号承担着南北极科考物资补给运输、科考队员交替、南北极大洋调查三大任务。

手绘野外植物考察笔记

中国科协老科学家学术成长资料采集工程馆藏基地藏

　　中国的植物资源丰富。新中国成立后，通过大规模组织科研力量到各个地区，特别是到边远和科研空白地区考察和采集植物标本，掌握第一手资料。图为王文采（1926—2022）手绘的野外植物考察笔记。

《中国植物志》

中国国家博物馆藏

　　经过几代科学家80余年的积累，2004年，《中国植物志》全部编纂完成出版。全书80卷126册，记载了我国301科3408属31142种植物的科学名称、形态特征、地理分布、生态环境、经济用途等，是世界各国已出版的植物志中种类数量最多的一部。该书摸清中国植物资源的家底，为合理开发利用植物资源提供了重要的基础信息和科学依据，对陆地生态系统研究起到重大促进作用。该书三分之二卷册由植物学家吴征镒（1916—2013）担任主编完成，2009年获得国家自然科学奖一等奖。

大力发展科学技术，瞄准世界科技前沿，实现前瞻性基础研究、引领性原创成果重大突破，努力成为世界主要科学中心和创新高地，夯实世界科技强国建设的根基。

人工合成牛胰岛素实验的关键部分记录

中国国家博物馆藏

1965年9月17日，中国科学家成功破解牛胰岛素拆分、合成的难题，完成了世界上第一个人工合成蛋白质——结晶牛胰岛素全合成，为人类认识生命、揭开生命奥秘迈出了一大步。图为中国科学院生物化学研究所进行人工合成牛胰岛素实验的关键部分记录。

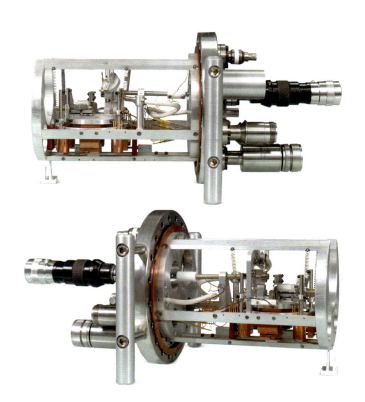

扫描隧道显微镜示意装置

清华大学科学博物馆藏

扫描隧道显微镜是利用量子理论中的隧穿效应制备的用来探测物质表面原子结构的设备。利用这种效应，可以将物质表面原子排列情况通过电信号表达出来，形成直观的实空间图像信息。这是20世纪90年代后期至21世纪初，清华大学物理系和中国科学院物理研究所研究团队进行多种材料表面原子结构表征研究时使用的扫描隧道显微镜。

扫描隧道显微镜 CSTM-9000 设备

中国国家博物馆藏

该设备于1988年由中国科学院化学研究所分子纳米结构与纳米技术实验室研发，其横向分辨率为0.1nm（纳米），垂直分辨率为0.01nm，达到当时国际先进水平，使我国在探索物质表界面研究领域迈入世界先进行列，促进了多个学科领域尤其是纳米科技的研究和发展。

中国科学院物理研究所高温超导研究团队使用的

六面顶液压机主要部件

中国国家博物馆藏

　　超导是20世纪最伟大的发现之一，它表现为在一定温度下电流可以无阻流动的现象。1987年，赵忠贤领衔的超导研究团队独立发现液氮温区铜氧化物高温超导体并首先公布元素组成，推动了国际高温超导研究热潮。2008年，赵忠贤团队又在铁基高温超导体方面取得突破性进展：发现系列50K以上铁基高温超导体，创造了大块铁基超导体55K最高临界温度纪录。实现了我国高温超导研究从无到有、从追赶到某些方面变为领跑和引领国际超导研究。这台设备自20世纪90年代后期服务于该团队超导研究。系列50K以上铁基高温超导体均出自此设备。

清华大学量子反常霍尔效应研究团队相关科学仪器

中国国家博物馆藏

　　量子反常霍尔效应可使电子在不施加强磁场的情况下，按照固定轨迹运动，减少无规则碰撞导致的发热和能量损耗。2012 年，清华大学量子反常霍尔效应研究团队首次在实验中发现量子反常霍尔效应。该研究成果是世界基础科学领域的一项重要突破，获得2018年度国家自然科学奖一等奖。图为该团队研制的相关科学仪器。

分子束外延蒸发源炉

量子反常霍尔效应测量用低温样品

分子束外延样品台

清华大学量子反常霍尔效应研究团队设计的超高真空低温 / 变温杜瓦（4_300K）

中国国家博物馆藏

　　2012 年底，薛其坤院士领衔的清华大学、中国科学院物理研究所实验团队首次从实验上观测到量子反常霍尔效应，使零磁场条件下应用量子霍尔效应成为可能，对制备低能耗、高速电子器件具有特殊意义。清华大学量子反常霍尔效应研究团队在研究中使用过的、自主研发的关键性科学仪器——超高真空低温 / 变温杜瓦（4~300K），用于为扫描隧道显微镜、原位输运等低温测量提供低温 / 变温环境，具有变温范围大、液氦传输效率高（使用标准输液管）、液氦消耗量低等特点。

一切为了人民

　　新中国成立后，加强生产技术研究、正确选择技术，形成合理的技术结构，加强工农业生产一线的技术开发和科研成果推广，科技事业为促进经济发展、满足人民生活需要作出重要贡献。农业科技和纺织工业发展解决了人民的吃饭穿衣问题，医药卫生事业进步将人口平均预期寿命提高了一倍以上，电信、印刷等领域的跨越式发展极大改善了人民生活。

◇ 人民更健康 ◇

　　保护人民生命安全和身体健康，是科技事业发展方向之一。聚焦重大疾病防控、食品药品安全等重大民生问题，加大科技投入力度，加快科技发展，满足人民衣食健康需求，让科技为人民生命健康保驾护航。

杂交水稻样本

中国国家博物馆藏

　　稻、麦是中国人食用的主要粮食品种。新中国的农业科技以提高稻、麦产量为核心。

　　杂交水稻研究自20世纪60年代开创以来，不断取得突破，

实现了从三系到两系再到超级杂交稻的重大技术创新。这是籼型两系杂交水稻"两优0293"样本和超级杂交水稻新组合"Y两优1号"样本。

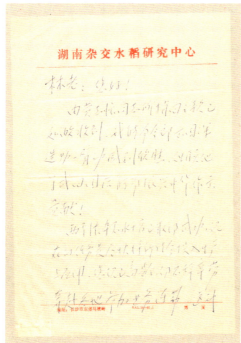

袁隆平关于两系法杂交水稻获得成功
致林世成的信

中国国家博物馆藏

　　1989年5月，袁隆平就两系法杂交水稻获得成功，致信薯类育种学家、水稻遗传育种学家林世成。

小麦远缘杂交育成小偃麦标本

中国国家博物馆藏

　　小麦育种专家李振声领导团队通过牧草和小麦的远缘杂交，培育出抗病毒能力强、产量高、品质好的新型小麦品种——小偃麦，并衍生出70多个良种小麦。这是采用普通小麦与长穗偃麦草远缘杂交育成的四种八倍体小偃麦标本。

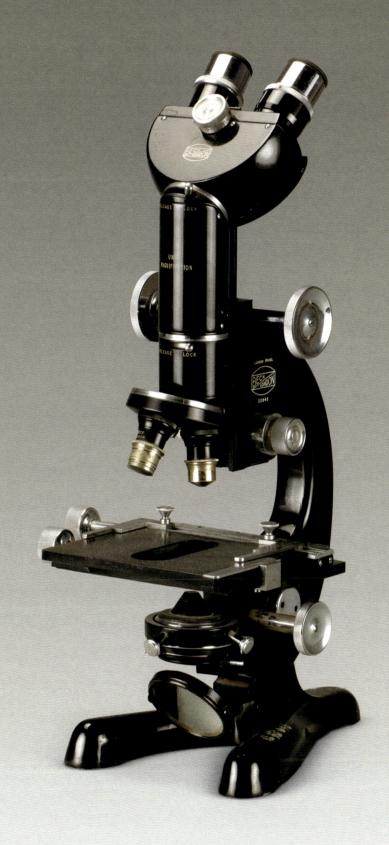

顾方舟使用的光学显微镜

中国国家博物馆藏

顾方舟（1926—2019），医学科学家、病毒学专家。1958年，我国首次分离出脊髓灰质炎病毒。1960年、1962年先后成功研制出首批脊髓灰质炎活疫苗和脊髓灰质炎糖丸减毒活疫苗，为我国全面消灭脊髓灰质炎奠定坚实基础。2000年，世界卫生组织宣布中国为"无脊灰状态"。这是顾方舟研究团队研制脊髓灰质炎糖丸疫苗时使用的贝克（BeckLondon）光学显微镜。

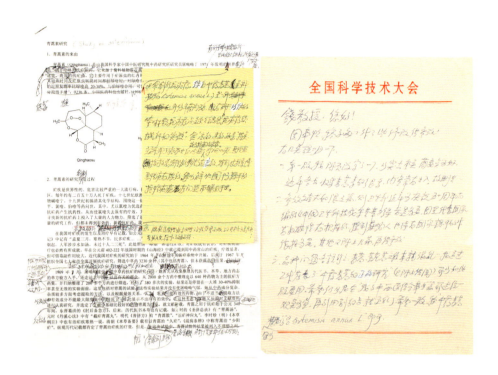

屠呦呦致植物学家钱迎倩的信及亲笔修改的《青蒿素研究》书稿

中国国家博物馆藏

　　1967年，研制防治疟疾新药项目启动，全国60多家科研单位的500多名科研人员参与，屠呦呦担任中药抗疟组组长。1971年，在实验中发现抗疟效果100%的青蒿素提取物。1972年成功提炼出抗疟有效成分青蒿素。1999年，青蒿素被世界卫生组织列入基本药物名单，在世界范围内推广使用。

　　《青蒿素研究》是我国抗疟药创新研究的文献汇编，反映了抗疟新药研究各环节工作、青蒿素的发现和应用。这是屠呦呦致植物学家钱迎倩的信及亲笔修改的《青蒿素研究》书稿。

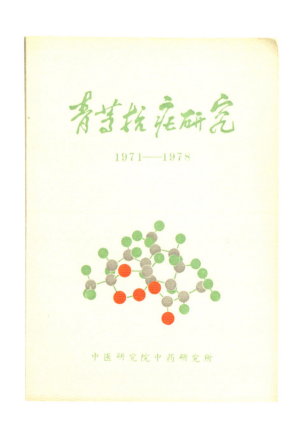

《青蒿抗疟研究（1971—1978）》

中国国家博物馆藏

　　《青蒿抗疟研究（1971—1978）》是屠呦呦团队早期抗疟研究的总结，汇集了1971年至1978年团队研究成果，记载了青蒿素发现的历程。

海扶刀®（JC-A型）聚焦超声肿瘤治疗系统核心部件

中国国家博物馆藏

重庆海扶医疗科技股份有限公司研发的全球首台体外聚焦超声肿瘤治疗系统，是中国首台具有完全自主知识产权的大型医疗器械，率先突破聚焦超声治疗肿瘤的关键核心技术。1997年，样机研制成功，陆续完成全球首例聚焦超声消融治疗恶性骨肿瘤保肢、肝癌保肝、乳腺癌保乳、子宫肌瘤保子宫等手术，打开了"无创治疗"肿瘤之门。1999年，首台产品取得注册证。至2020年底，海扶刀®聚焦超声肿瘤治疗系统已出口28个国家及地区，治疗良、恶性肿瘤超过17万例。上图为该治疗系统，下图为其核心部件——聚集型超声治疗头。

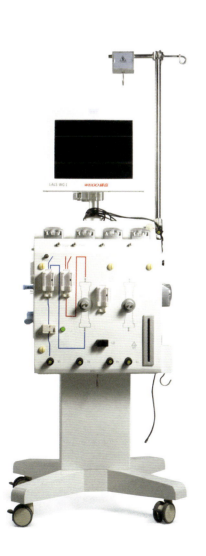

人工肝仪器

中国国家博物馆藏

人工肝技术，是通过血浆置换和血液吸附技术，从血液中清除炎症物质和毒物，开辟了重型肝炎肝衰竭治疗的新途径。自20世纪80年代开展研究工作以来，我国相关研究已涵盖所有人工肝分类。图为李兰娟团队设计的李氏人工肝支持系统（Li-ALS）。

◇ 人民更幸福 ◇

　　服务国计民生是科技进步和工业生产发展的重要宗旨。越来越多的科技创新成果惠及人民群众，推动人民生活水平发生翻天覆地的变化，并改变着人们的生产和生活方式。

国营石家庄第一棉纺织厂生产的棉纱样品

中国国家博物馆藏

北京棉纺联合厂生产的梳棉纱

中国国家博物馆藏

　　新中国成立后，新建了一批规模较大的棉纺织厂、毛纺织厂、麻纺织厂、丝绸（织）厂、印染厂、针织厂和纺机厂，全国纺织工业进入快速发展期。图为北京棉纺联合厂生产的梳棉纱和国营石家庄第一棉纺厂生产的棉纱样品。

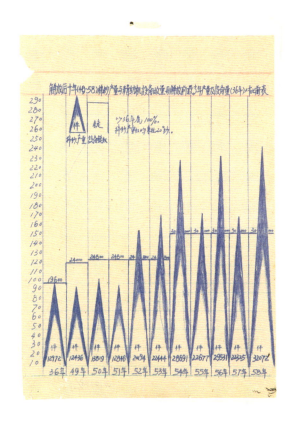

济南成通纱厂棉纱产量及设备数量对比表（1949—1958）

中国国家博物馆藏

济南成通纱厂于1933年5月建成投产，新中国成立后参加公私合营，改称国营济南第四棉纺织厂。图为1949—1958年纱厂棉纱产量及精纺机设备数量与1936年历史最高纪录的对比表。

宝塔人造棉纱商标

中国国家博物馆藏

人造棉全称棉型人造短纤维，是以纤维素或蛋白质等天然高分子化合物为原料经过化学加工纺制的如棉型粘胶短纤维。图为上海第三十一棉纺织厂生产的宝塔人造棉纱商标。

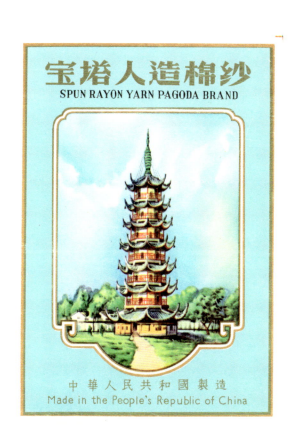

玻璃纤维样品

中国国家博物馆藏

1958年，玻璃纤维在上海小批量投入工业性生产。图为20世纪50年代末我国生产的玻璃纤维样品。

华南农业科学研究所研制的丝麻布

中国国家博物馆藏

20世纪50年代，华南农业科学研究所充分利用当地蚕业资源，努力为纺织工业提供新的原料来源。图为他们当时委托广州苎麻纺织厂利用华南大山蚕纺丝与麻混合织成的丝麻布。

首批生产的北京牌电视机

中国国家博物馆藏

　　1958年3月，天津无线电厂试制成功国产第一台北京牌
黑白电视机，结束了中国没有电视机工业的历史。图为首批
生产的北京牌820型35厘米电子管黑白电视机。

北京牌收音机

中国国家博物馆藏

　　20世纪50年代，天津无线电厂制造，电路和形式仿苏
联莫斯科人牌收音机，但零部件全部国产化。该机为胶木外
壳，交流四管，有中、短波两个接收波段。

上海试制的赛尔卡式 17 钻细马防水手表样品

中国国家博物馆藏

  20世纪50年代，天津、上海开始试制国产手表。上海市第二轻工业局与上海钟表同业公会从中国钟厂等20家单位抽调人员，组成手表试制小组，自制手摇小钻床、自制刀具，用电风扇头改装传动电机，用绣花针改制钻头，用阳伞骨、毛衣针、自行车车条等制造手表轴芯，用酒精灯做热处理，终于在1955年9月试制成功18只仿瑞士赛尔卡长三针17钻细马防水手表，结束了中国不能生产细马手表的历史。"马"是手表关键部件，"粗马"以钢丝制成，新中国成立前已能制造，但易磨损导致走时不准，"细马"是用钻石或者人造宝石制成。

飞鸽牌自行车

中国国家博物馆藏

  1950年7月，新中国首批国产化自行车飞鸽牌自行车试制成功。20世纪80年代中国成为自行车产销第一大国。图为20世纪80年代天津自行车厂生产的飞鸽牌22型自行车。

上海电讯器材厂生产的 60 门电话交换机

中国国家博物馆藏

　　电话交换机是电信网络的一部分。在早期的电信系统中，每个用户号码需要从交换机到用户电话拉一根线，通过话务员人工接续，按照主叫用户要求的电话号码，在交换机上找到被叫用户，并将两者接续起来。图为20世纪70年代上海电讯器材厂生产的60门电话交换机。

20世纪70年代，面对信息时代汉字印刷的挑战，王选带领团队设计完成第四代激光照排系统，攻克汉字信息数字化存储和输出等难关，被誉为中国印刷术的第二次革命，其产业化和应用使中文印刷业告别铅与火，跨进光与电的时代。

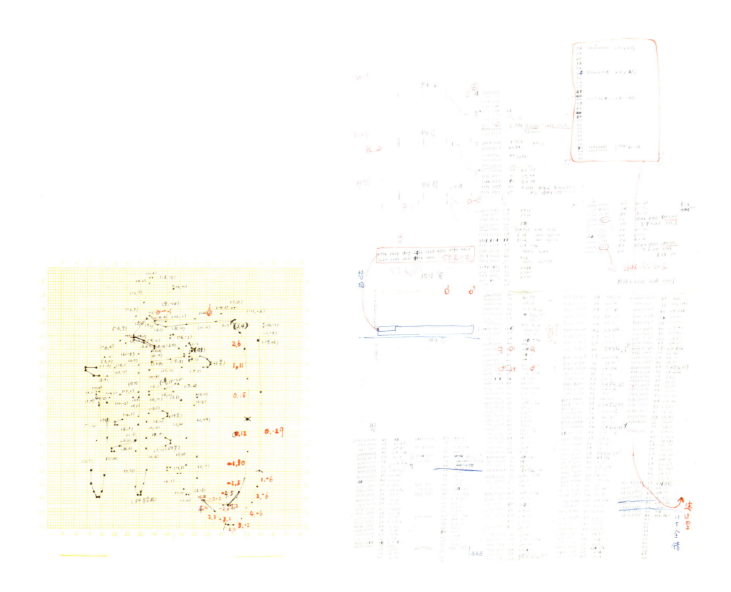

王选查改字模"匍"字压缩信息手稿

中国国家博物馆藏

王选带领研究团队对字模进行反复查改。当时的计算机没有显示屏，检查字模时需对照压缩信息，在坐标纸上画出该字的轮廓点。如发现错误，需同时修改节点和压缩信息。这是王选查改字模"匍"字的压缩信息手稿。

强国基石

　　新中国成立后，确立了工业现代化、农业现代化、国防现代化和科学技术现代化的战略目标。经过70多年的发展，中国的基础设施建设水平全面跃升、基础工业迅速发展、国防工业成就斐然，为提升综合国力、保障国家安全、建设世界强国奠定坚实基础。

◇ 交通动脉 ◇

交通运输是国民经济中基础性、先导性、战略性产业。新中国成立之初，交通基础薄弱，全国仅有铁路1.1万千米、公路8万千米。70多年来，中国的交通建设迅猛发展，到2022年底，我国铁路营业里程15.5万千米，其中高铁4.2万千米，居世界首位，公路运营总里程535.5万千米，拥有世界上最长的跨海大桥。

从新中国成立后自主设计施工的第一条铁路成渝铁路，到世界上海拔最高、线路最长的高原铁路青藏铁路；从建成第一条高速铁路京津城际铁路，到高铁运营路线四通八达，中国的铁路事业快速发展，覆盖全国90%以上的人口，真正实现人便其行、货畅其流的目标。

成渝铁路通车纪念章

中国国家博物馆藏

成渝铁路西起成都、东至重庆，全长505千米，是新中国成立后我国自行设计施工、完全采用国产材料修建的第一条铁路。1950年动工，1952年6月全线贯通。它的建成，改变了四川乃至西南地区的交通格局，拉开了新中国大规模经济建设的序幕。这是西南铁路工程委员会颁发给参加成渝铁路建设人员的纪念品。

中国自制的第一根 43 千克重型钢轨的一段

中国国家博物馆藏

　　鞍钢大型轧钢厂是新中国第一座现代化轨梁轧钢厂。1952年8月1日动工，设计能力为年轧制钢轨及各种大型钢材50万吨。1953年12月8日，43千克重型钢轨试轧成功。图为从其截取的一段。

清华大学机械系制作的球墨铸铁轻型铁轨模型

中国国家博物馆藏

　　球墨铸铁是20世纪40年代末发展起来的铸铁技术，综合性能接近于钢，生产工艺简便、成本低廉，是"以铁代钢"的主要品种。20世纪50年代初，中国试制成功球墨铸铁并不断完善工艺。1958年8月，清华大学铸工专业试制成功每米32千克重的球墨铸铁铁轨并投产使用。

青藏铁路是世界上海拔最高、线路最长的高原铁路,全长1956千米。科技人员和铁路建设者攻克高寒缺氧、多年冻土、生态脆弱等多项世界性工程难题。青藏铁路于2006年7月1日建成通车。图为建设中的青藏铁路。

青藏铁路风火山隧道采集的岩石

中国国家博物馆藏

风火山隧道全长1338米,平均海拔约4900米,是世界上海拔最高的冻土铁路隧道。隧道洞身全部位于冻土、冻岩中,是青藏铁路全线6个科研试验段之一。为解决冻土热熔等多种技术难题,工程技术人员完成多个科研项目,施工技术获得国家科技进步二等奖。

中国高铁研发从引进先进技术与自主创新相结合起步,仅用5年就迈入高铁时代,又建成了世界上规模最大的高铁运营网。2012年,具有完全自主知识产权的中国标准动车组"复兴号"正式启动研发,2017年6月26日在京沪高铁正式双向首发。图为"复兴号"标准动车组。

　　从在苏联帮助下修筑的武汉长江大桥到独立自主建设的南京长江大桥，从世界上最高的北盘江大桥到世界上最长的港珠澳跨海大桥，中国的桥梁建设水平飞速发展，完成了一项又一项举世瞩目的桥梁工程杰作。

《中华人民共和国发展国民经济的第一个五年计划
1953—1957图解》之《武汉长江大桥》

中国国家博物馆藏

　　武汉长江大桥是中华人民共和国成立后修建的第一座公铁两用的长江大桥，全长1670米，1955年9月1日动工兴建，1957年7月1日完成主桥合龙工程，1957年10月15日通车运营。

港珠澳大桥是连接香港、珠海、澳门的超大型跨海通道，全长55千米，是中国乃至世界规模最大、标准最高的集桥、岛、隧道为一体的交通集群工程项目。图为建设中的港珠澳大桥。

港珠澳大桥沉管隧道管节接头橡胶止水带

中国国家博物馆藏

　　港珠澳大桥在建设中坚持问题导向开展科技创新。图为安装在大桥沉管隧道管节接头处的欧米茄（OMEGA）橡胶止水带，其高压水下设计使用寿命达120年，达到国际先进水平。

港珠澳大桥使用的 75 毫米预应力粗钢棒

中国国家博物馆藏

　　港珠澳大桥桥墩采用75毫米大直径预应力高强螺纹钢筋锚固体系，设计抗拉强度达到1030兆帕以上。它的桥墩每座几十米高，分成3截，采用预应力钢棒，将3截桥墩连接在一起，在面对海风、海浪以及车辆通过时承受冲击，维护桥梁结构的稳定。

北京大兴国际机场航站楼，2014年12月26日开工建设，2019年6月30日主要工程项目竣工，9月25日正式通航。运用多种高科技建材和先进施工工艺，创造出100多项技术创新及多项世界之最，展现了中国建造实力。

大兴国际机场采用的顶棚铝网玻璃

中国国家博物馆藏

大兴国际机场采用国内首创、世界领先的顶棚铝网玻璃，将60%的自然直射光线转换为漫反射光线，使室内光线柔和，没有直射的灼热感。

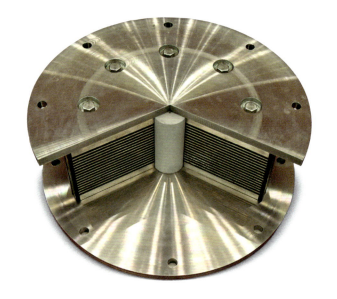

大兴国际机场使用的承重柱橡胶隔震垫模型

中国国家博物馆藏

大兴国际机场拥有世界上首座高铁下穿的航站楼。为提高航站楼整体抗地震性能及减轻高铁高速通过时产生的振动及噪声影响，大兴国际机场采用了国内首创的层间隔震技术，在负一层承重柱的顶端安装隔震装置。图为大兴国际机场承重柱橡胶隔震垫模型。

◇ 工业脊梁 ◇

新中国确立了实现社会主义工业化的目标，采取优先发展重工业的策略，逐步建立起门类齐全、独立完整的工业体系，实现了从农业大国向世界性工业大国的历史性转变。

1949年新中国成立时，我国钢产量仅为15.8万吨，不足当时世界钢产量的千分之一。今天，我国钢铁产量已经占据世界钢铁业的半壁江山。

石景山钢铁厂为第一炼铁炉开工纪念制作的钢铁厂模型

中国国家博物馆藏

新中国成立后，钢铁工业恢复生产工作迅速展开。石景山钢铁厂（首钢前身）、鞍钢、本钢率先恢复生产。到1952年，全国粗钢、生铁和钢材产量分别达到134.9万吨、192.9万吨和112.9万吨，全面超过解放前的历史最高水平；钢铁工业总产值达到136 959万元，比1949年增长6.1倍。1949年6月

24日，石景山钢铁厂第一炼铁炉修复开工。

第一个五年计划时期，在苏联的帮助下，以武钢、鞍钢和本钢改扩建等项目为重点的钢铁工业大规模投资建设，形成了鞍钢、武钢、包钢鼎足而立的新局面。

中国自制的第一根无缝钢管的截断

中国国家博物馆藏

1953年10月27日，鞍山钢铁公司无缝钢管厂第一根无缝钢管试轧成功，结束了我国不能生产无缝钢管的历史。这是从第一根无缝钢管上截取的20厘米长的一段。

太原钢铁厂试轧成功的0.3毫米薄板

中国国家博物馆藏

各种规格的薄钢板，特别是矽钢片，是我国工业建设中必需的重要材料。1953年太原钢铁厂薄板部试轧成功0.3毫米薄板。

太钢第一炉不锈钢制作的宝塔

中国人民革命军事博物馆藏

　　1952年9月，太原钢铁厂电炉炼钢部采用氧化法成功冶炼出新中国第一炉不锈钢。太钢人用这炉不锈钢制作了这座不锈钢宝塔送往北京，向党中央报喜。

抚顺钢厂职工用试制成功的不锈钢铸的大钥匙

中国国家博物馆藏

　　抚顺钢厂（今抚顺特殊钢股份有限公司，属东北特钢集团）始建于1937年。新中国成立后，成为我国大型特殊钢重点企业和军工材料研发及生产基地，先后为我国冶炼出了第一炉铬不锈钢、第一炉超高强钢、第一炉高速钢、第一炉高温合金，并为我国第一颗人造地球卫星、第一枚导弹、第一艘潜水艇和多项国家重点工程、国防工程提供了大批关键的特殊钢新型材料。1954年9月10日，该厂成功试炼出新中国第一炉铬不锈钢。图为钢厂职工用这炉不锈钢铸成的大钥匙。

包鋼一号高炉出鉄紀念

一九五九年九月

奋于巧干加巧干·保証攻破出鉄关!

鼓足干劲·力争上游·多快好省地迏設社会主×0.

庆祝包头钢铁公司一号高炉出铁纪念织锦

中国国家博物馆藏

　　包头钢铁公司成立于1954年。一号高炉建于1958年，次年9月26日建成投产，流出第一炉铁水，结束了内蒙古地区寸铁不产的历史。它也是少数民族地区建设的第一个大型钢铁企业。

包头钢铁公司一号高炉出铁纪念章

中国国家博物馆藏

上海宝山钢铁总厂第一期工程投产产品样品

中国国家博物馆藏

　　上海宝山钢铁总厂是改革开放后，我国引进国外先进技术设备兴建的新型现代化钢铁基地。1978年12月动工，1985年9月第一期工程竣工，规模为年产铁300万吨，钢312万吨。图为该厂第一期工程投产的产品样品，包括钢管、铁块、钢坯、钢锭等。

超薄不锈钢

中国国家博物馆藏

　　2018年初，山西太钢不锈钢精密带钢有限公司研制的超薄不锈钢（手撕钢），厚度为0.02毫米，是普通复印纸厚度的四分之一，可以被轻易撕碎，主要应用于航空航天、信息电子、新能源、环保、军工核电等领域。

新中国成立以来，逐步建成较为完备的能源工业体系。改革开放以来，中国适应经济社会快速发展需要，推进能源全面、协调、可持续发展，成为世界上最大的能源生产消费国和能源利用效率提升最快的国家。

狮子滩水电站首次运行日志和狮子滩水电80周年纪念章

中国国家博物馆藏

狮子滩水电站位于重庆市龙溪河，是我国第一个五年计划重点建设项目，也是新中国第一个自己设计并施工的全流域梯级水电开发工程，由苏联支援建设。1954年兴建，1956年10月1日，第一台机组并网发电，1957年建成。电站原装有4台单机容量为12兆瓦的水轮发电机组，设计年均发电量为2.06亿千瓦时。

三峡工程是世界上规模最大的水利枢纽工程，其建筑物由大坝、电站及船闸和升船机构成。1994年12月14日开工建设，2003年实现蓄水发电。2012年7月4日，三峡电站最后一台水电机组投产，装机容量达到2240万千瓦，成为全世界最大的水力发电站和清洁能源生产基地。

灭磁开关

电流继电器（15-30A）

一号机同步器表盘

富拉尔基热电厂退役机组零部件

中国国家博物馆藏

　　富拉尔基热电厂是我国"一五"期间苏联援建的156项重点工程之一，也是我国第一座高温高压热电厂，其中一至六号机组均为苏联援建，2016年12月正式退役。图为苏联制造的退役机组零部件。

　　1985年3月，我国自行设计建造的第一座核电站——秦山核电站，在浙江省海盐县秦山开工建设。1991年12月15日实现并网发电，每年可向华东电网输送核电15亿千瓦时，结束了中国大陆无核电的历史。

2017年5月，我国首次海域天然气水合物在南海神狐海域试采成功，实现了我国天然气水合物开发的历史性突破。

南海神狐海域天然气水合物样品

中国国家博物馆藏

天然气水合物，是天然气和水在高压低温条件下形成的类冰状结晶物质，因外观像冰、遇火即燃，又称"可燃冰"。天然气水合物分布于深海和陆域永冻土中，燃烧后仅生成少量二氧化碳和水，是一种战略型清洁能源。2017年5月，中国首次在南海成功实施天然气水合物固态流化法试采。这是我国完全依靠自主技术和装备，在南海珠江口盆地荔湾1310米水深海域钻探的LW3-H4井取得的天然气水合物储层实物样品。

固态流化射流破碎喷嘴

中国国家博物馆藏

　　天然气水合物作为具有开发潜力的接替能源，开采技术研究对于未来能源具有重要的战略意义。这件天然气水合物固态流化开采自动射流破碎工具，可以实现高压射流破碎，将水面上的高压射流射入海底对固态水合物进行破碎，利用管道式多相泵完成向海底输入高压射流并且利用射流的一部分动力将破碎后的水合物抽吸回水面处理设施。

"璇玑"旋转导向钻井及随钻测井系统导向短节

中国国家博物馆藏

　　中国海洋石油集团有限公司自2008年开始自主研发的旋转导向系统和随钻测井系统，代表世界钻井、测井技术最高水平，2014年11月首次联合完成海上作业。其成功研制使中国成为第二个同时拥有这两项技术的国家。两项技术配合使用，可实现全井段定向旋转钻进，实时调整井眼轨迹，并测量井下环境参数，提升作业效率、降低工程风险，是进行超深水、水平井、大位移井等高难度定向井作业的"撒手锏"。这是"璇玑"旋转导向钻井及随钻测井系统导向短节。

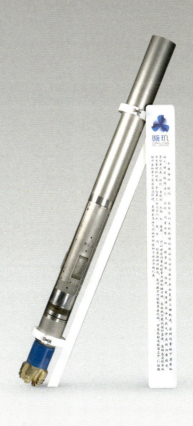

新中国工业从一穷二白，到建立起门类齐全的现代工业体系，跃居世界第一工业制造大国。

第一汽车制造厂开工纪念章

中国国家博物馆藏

1953年7月第一汽车制造厂举行奠基典礼。1956年7月，第一批解放牌汽车试制成功，结束了中国不能生产汽车的历史。同年10月15日，第一汽车制造厂举行开工典礼。为了纪念这一盛典，制作并向有关人员颁发了第一汽车制造厂开工纪念章。

吉林电极厂生产的石墨化电极

中国国家博物馆藏

吉林电极厂于1955年10月竣工投产，碳素制品年生产能力2.23万吨，享有中国碳素工业摇篮的美誉。石墨化电极是一种耐高温的石墨导电材料，是金属冶炼业的重要消耗材料。

1958年7月，新中国第一台东方红54型履带式拖拉机驶出第一拖拉机制造厂厂房。

1962年6月，我国自行设计制造的1.2万吨自由锻造水压机在上海江南造船厂试车成功。这台水压机采取全焊结构的本体设计、小设备加工大零件的制造方法，综合运用模仿、模型与实验方法，有效集成高、中、低层次的技术，是中国重大技术装备尝试从仿制走向创制的一座里程碑。

中国科学院仪器馆研制的光学玻璃样品

中国国家博物馆藏

1951年，中国科学院邀请王大珩（1915—2011）等建仪器研制机构。1952年，中国科学院仪器馆在长春成立，后更名为光学精密机械研究所（简称长春光机所），王大珩先后任代理馆长、所长。1953年底，中国科学院仪器馆熔炼出第一炉300升光学玻璃，结束了中国没有光学玻璃的历史，也为新中国的光学事业揭开了发展的序幕。

北京市光学纤维研究实验室研制的硫属化合物玻璃光纤

中国国家博物馆藏

硫属化合物玻璃光纤是一种以硫化物、硒化物、碲化物为主要成分的玻璃制成的光导纤维，可作为光传导工具，电阻率低，具有开关与记忆等特性。

电影胶片印字机

中国国家博物馆藏

　　1958年，新中国第一家电影胶片厂——化学工业部第一电影胶片厂在河北保定建立。1960年成功用自行生产的电影胶片制作出电影拷贝《兵临城下》。1965年9月正式投产，是当时中国最大的现代化电影胶片厂。1968年，第一部彩色电影胶片制作的大型舞蹈史诗电影《东方红》发行。图为该厂使用的苏联产电影胶片印字机。

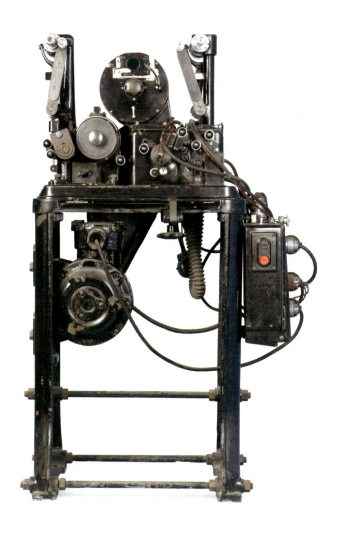

电影胶片打孔机

中国国家博物馆藏

　　化学工业部第一电影胶片厂使用的苏联产电影胶片打孔机。

华东工业部浦江机器厂生产的汽车电动机

中国国家博物馆藏

　　上海解放后，上海机械工业由华东军政委员会接管，并进行改组、改造。1952年12月，华东工业部浦江机器厂成立。这是该厂生产的汽车电动机。

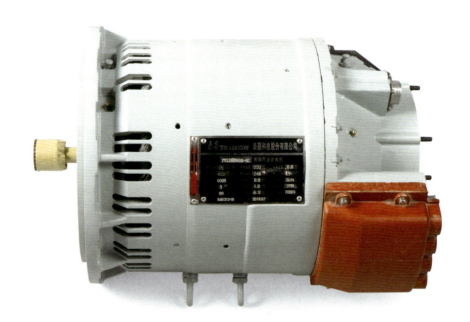

高导磁高速涡轮发电机

中国国家博物馆藏

　　此发电机由清华控股成员企业同方股份旗下泰豪科技股份有限公司生产，结合新材料研究及高速化等技术手段应用，使得电机高速化及轻量化，实现涡轮电站国产化，填补了国内技术空白。

超高纯金属靶材

中国国家博物馆藏

　　中国有研科技集团有限公司（原北京有色金属研究总院）开发的超高纯金属材料，包括铜、银系列（6N，99.9999%）和钴、镍、钛、金、铂系列（5N，99.999%）等超高纯金属原材料及其溅射靶材生产工艺，实现了集成电路关键原材料的自主供应，打破了国外垄断。

动导数天平

动导数，即动稳定性导数，是飞行器运动中速度或角度变化引起的气动力和力矩变化，以导数形式表达。不同飞行器在不同状态下飞行，起主要作用的动导数不同。通过风洞实验即可测出对飞行器性能影响较大的动导数。动导数是飞行器动态品质分析不可缺少的原始气动参数，关系到飞行器的飞行品质、自动驾驶控制系统控制律设计以及安全飞行等。

这台低速风洞强迫振动式动导数天平实验装置，由一台六分应变天平和一个振动系统组成。应变天平安装在模型内部，振动系统用一台直流电动机。将电动机的旋转运动转换成模型的俯仰、偏航、滚转、升沉与侧滑—滚转的振动，通过调节直流电动机的转速来改变振动的频率。

C919 飞机模型（1:20）

中国国家博物馆藏

  C919 大型客机（全称 COMAC919）是中国首款按照国际先进适航标准研制的单通道大型干线客机，具有我国完全的自主知识产权。C 是 China 的首字母，也是中国商飞公司英文缩写的首字母，第一个"9"寓意天长地久，"19"代表最大载客量 190 座。该机属中短途商用机，总长 38 米，翼展 35.8 米，高 12 米，基本型混合级布局 158 座、全经济舱布局 168 座、高密度布局 174 座，标准航程 4075 千米，增大航程 5555 千米。性能与国际新一代主流单通道客机相当，经济寿命达 8 万飞行小时。

  大飞机研制是国家重大科技专项之一。C919 飞机于 2008 年开始研制，围绕更安全、更经济、更舒适、更环保和减重、减阻、减排的设计理念设计，采用异地协同机制，基于模型工程定义（MBD），实现产品设计制造高度并行、广域协同和无纸数字化制造；低阻流线型机头设计、承载式风挡设计、超临界机翼和先进的气动布局；第三代铝锂合金、高模量碳纤维复合材料和钛合金等新材料应用；全电传飞控和综合模块化航电等系统集成；推进系统先进前沿技术应用、促进窄体飞机新一轮发展。

  2015 年 11 月 2 日完成总装下线。2017 年 5 月 5 日首飞成功后，全面开启各项取证试验试飞任务。2023 年 5 月 28 日完成首次商业载客飞行，开始常态化商业运行。

◇ 大国重器 ◇

国防尖端武器装备是国之重器，是捍卫国家安全的重要凭借。新中国成立以来，国防科技工业在极端薄弱的基础上经过艰苦卓绝的发展，取得一系列自主创新成果，为国防安全提供坚强支撑。

载有"我国第一颗原子弹爆炸成功"的《人民日报》号外

中国国家博物馆藏

1964年10月16日，中国第一颗原子弹爆炸成功。中国成为世界上第5个拥有核武器的国家，极大地提高了中国的世界地位和国际影响。图为载有"我国第一颗原子弹爆炸成功"的《人民日报》号外。

第一颗原子弹爆炸成功纪念章

中国国家博物馆藏

1966年10月27日，中国第一枚装有核弹头的地地导弹飞行爆炸成功。

1967年6月17日，中国第一颗氢弹爆炸成功。图为氢弹爆炸后的烟云。

原子弹、导弹两弹结合试验中发射的第一发试验
空炮弹残片

中国国家博物馆藏

　　中国第一颗原子弹爆炸成功后，我国成功用东风二号甲导弹加装核弹头进行原子弹、导弹结合试验。1966年10月27日，中国第一枚带有核弹头的东风-2A导弹从甘肃酒泉发射基地升空。核弹头在预定高度成功爆炸，标志着中国拥有了真正意义上的核威慑和核打击能力。图为中国原子弹、导弹两弹结合试验中发射的第一发试验空炮弹残片。

清华大学 200 号屏蔽试验反应堆用的安全棒驱动机构

清华大学科学博物馆藏

　　1964 年 4 月，清华大学设备制造厂制造的为清华大学 200 号屏蔽试验反应堆用的安全棒驱动机构，是反应堆可靠运行和安全停堆的关键设备。

辽宁号航空母舰模型（1:150）

中国国家博物馆藏

　　辽宁号航空母舰（代号：001型航空母舰，舷号：16），是中国人民解放军海军隶下的一艘可以搭载固定翼飞机的航空母舰，也是中国第一艘服役的航空母舰。舰长306.3米，最大宽度76米，满载排水量6.75万吨，吃水深度10.5米，最大航速30节。

　　该舰是在苏联海军库兹涅佐夫元帅级航空母舰次舰瓦良格号的基础上建造改进的，由中国船舶集团大连造船厂完成后续建造。2012年9月25日，正式更名辽宁号，交付中国人民解放军海军，用于科研、实验及训练等用途。

03 型潜艇模型

中国国家博物馆藏

　　03 型潜艇是 20 世纪 50 年代初从苏联引进技术建造的第一型柴电动力潜水艇。根据苏联提供的 613 型潜艇散件器材和图纸资料组装建造，国内称 6603 型（简称 03 型）。1955 年 4 月，首艘中国 6603 型潜艇在江南造船厂开工建造。1956 年 3 月下水，1957 年 10 月交付海军。该艇水下排水量 1350 吨，最大潜深 200 米，主武器为 6 具 533 毫米鱼雷发射管，使用当时较为先进的机电式射击指挥仪进行鱼雷射击参数计算。20 世纪 80 年代后开始少量装备鱼–3 型声自导鱼雷并加装自导鱼雷设定装置。

走向太空

从东方红一号卫星发射成功，到北斗导航卫星全球组网基本系统完成部署；从长征一号火箭首飞，到长征系列火箭实现400余次发射；从第一艘神舟飞船升空，到12次载人飞行把18名航天员送入太空。中国航天科技工业的发展，为推动国家经济社会发展、国防现代化建设和科学技术进步作出卓越贡献。

⬡ 长征太空 ⬡

　　长征系列运载火箭是中国自行研制的航天运载工具，拥有退役、现役
4代20种型号，具备发射低、中、高不同地球轨道、不同类型卫星及载人
飞船的能力，并具备无人深空探测能力。新一代长征系列重型运载火箭运
载能力大为提高，可满足发射大型载荷和空间站舱段的需要。

长征二号F运载火箭发动机残骸

中国航天博物馆藏

　　长征二号F运载火箭，是在长征二号E捆绑火箭的基础上，按照发射载人飞船的要求，以提高可靠性、确保安全性为目标研制的运载火箭。火箭由4个液体助推器、芯一级火箭、芯二级火箭、整流罩和逃逸塔组成，是目前我国所有运载火箭中起飞质量最大、长度最长的火箭。其发动机通过自带推进剂的喷气发动机为航天器整个飞行过程提供动力，1992年由中国航天科技集团公司第六研究院开始研制，1999年交付。2016年10月17日，搭载着神舟十一号载人飞船的长征二号F运载火箭在酒泉卫星发射中心成功发射，将景海鹏和陈冬两名宇航员送上太空。这是该火箭发动机残骸的一部分。

长征系列运载火箭模型（1:15）

中国航天博物馆藏

长征系列运载火箭是中国自行研制的航天运载工具，起步于20世纪60年代。目前，长征系列运载火箭低地球轨道运载能力达到25吨，太阳同步轨道运载能力达到15吨，地球同步转移轨道运载能力达到14吨。这分别是长征二号丙、长征二号F、长征五号、长征七号和长征八号运载火箭模型。

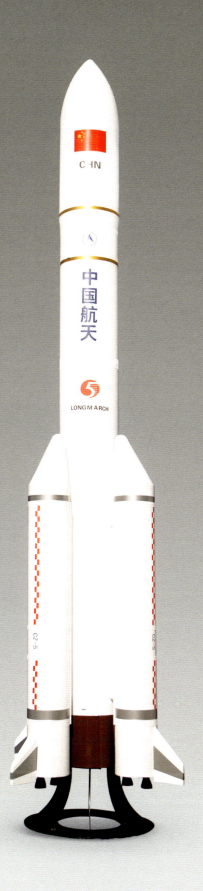

过赤道纪念章

中国国家博物馆藏

1980年5月，我国成功向太平洋海域发射第一枚远程运载火箭，标志着我国运载火箭技术达到新水平。图为执行测量回收任务的远望号测量船经过赤道时颁发给队员的纪念章。

长征三号甲遥十四火箭发射嫦娥一号卫星后坠地的残骸（截断）

中国国家博物馆藏

2007年10月24日18时5分，我国在西昌卫星发射中心用长征三号甲运载火箭将嫦娥一号卫星成功送入太空。18时16分，搭载嫦娥一号卫星的长征三号甲运载火箭一级残骸按计划安全坠落在预定范围。这是残骸的一部分。

◇ 星河浩瀚 ◇

　　1970年4月24日，中国第一颗人造卫星东方红一号升空，在浩瀚星河中留下了中国人的印记。中国由此成为世界上第5个自行研制和发射人造卫星的国家。目前，中国在轨稳定运行的航天器超过600颗。

1970年4月24日，中国第一颗人造地球卫星东方红一号发射成功。

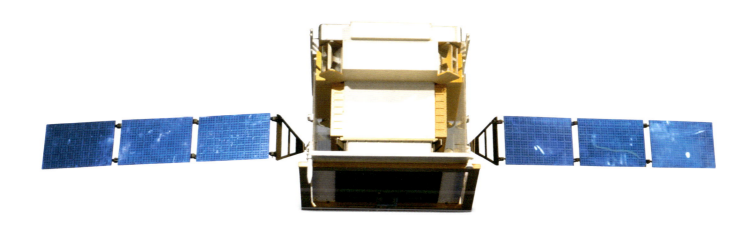

悟空号暗物质粒子探测卫星模型（1:3）

中国国家博物馆藏

　　2015年12月17日，暗物质粒子探测卫星悟空号成功发射，标志着我国空间科学探测研究迈出了重要一步。它是目前世界上观测能段范围最宽、能量分辨率最优的暗物质粒子探测卫星，可以利用塑闪阵列探测器、硅阵列探测器和中子探测器，探测高能伽马射线、电子和宇宙射线，并通过其能谱、空间分布来寻找暗物质粒子存在的证据。

风云四号气象卫星模型

中国国家博物馆藏

2016年12月，风云四号气象卫星成功发射，2017年9月投入使用，中国静止轨道气象卫星观测系统实现更新换代。其数据广泛应用于天气预报、气候变化分析、生态环境监测等，对有效减少台风、暴雨、洪涝等自然灾害带来的人民生命和财产损失发挥作用，并广泛应用于水利、农业、林业、环境、能源、航空和海洋等领域。

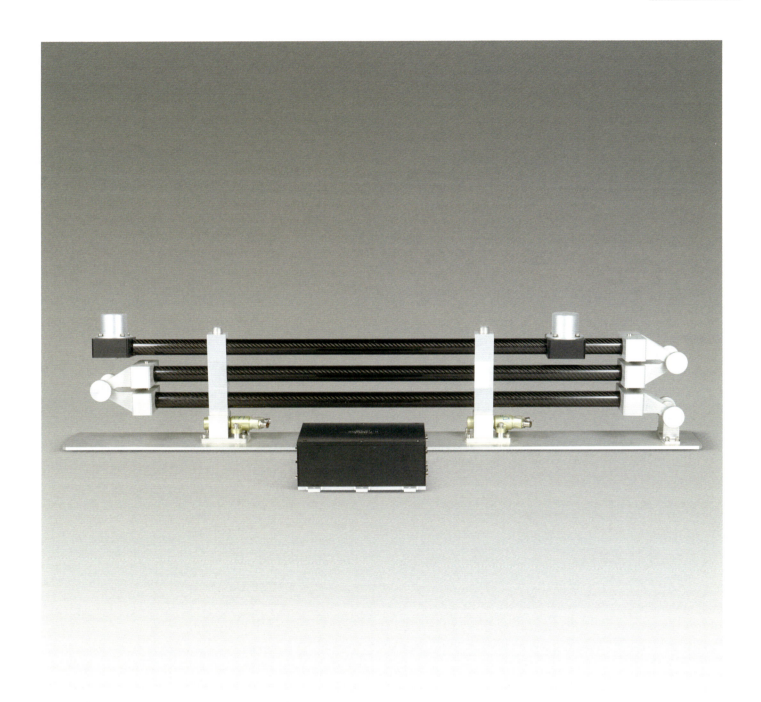

天问一号火星磁强计模型

中国国家博物馆藏

2020年7月23日，天问一号火星探测器成功发射，开启我国首次火星探测任务，迈出我国行星探测第一步。火星探测器由着陆巡视器和环绕器组成，将一步实现"绕、着、巡"三大任务目标，开展火星全球性和综合性探测。火星磁强计是火星环绕器的科学载荷，它在着陆巡视器释放后，对火星的空间磁场环境进行测量。火星磁强计的两个磁通门探头安装在一根长的伸杆上。伸杆的作用是使探头远离卫星本体，减小卫星本体剩磁对探头所测空间磁场的影响。2021年5月25日，火星磁强计的伸杆在轨展开，开启对近火空间矢量磁场的科学探测任务。

墨子号卫星载荷的量子纠缠源原理样机

中国国家博物馆藏

墨子号卫星载荷的量子纠缠发射机初样鉴定件

中国国家博物馆藏

　　2016年8月16日，我国自主研制的世界首颗空间量子科学实验卫星墨子号成功发射。2017年1月18日交付使用。9月29日，世界首条量子保密通信干线京沪干线开通，并成功实现世界首次洲际量子保密通信，标志着我国已构建出天地一体化广域量子通信网络雏形。

◇ 飞天逐月 ◇

　　载人航天工程和探月工程作为《国家中长期科学和技术发展规划纲要（2006—2020）》的国家重大科技专项，自实施以来，充分发挥新型举国体制的优势，推动自主创新、勇攀科学高峰，围绕载人航天和深空探测技术，取得一系列自主创新成果，形成载人航天精神和探月精神。

载人航天器发射任务队徽

中国国家博物馆藏

　　中国载人航天工程自1992年启动实施，按照"三步走"发展战略，神舟号飞船17次发射，中国航天员12度飞天，中国已掌握载人天地往返、空间出舱、空间交会对接、组合体运行、航天员中期驻留等载人航天领域重大技术，并带动相关技术发展，迈向空间站时代。这是部分载人航天器发射任务队徽。

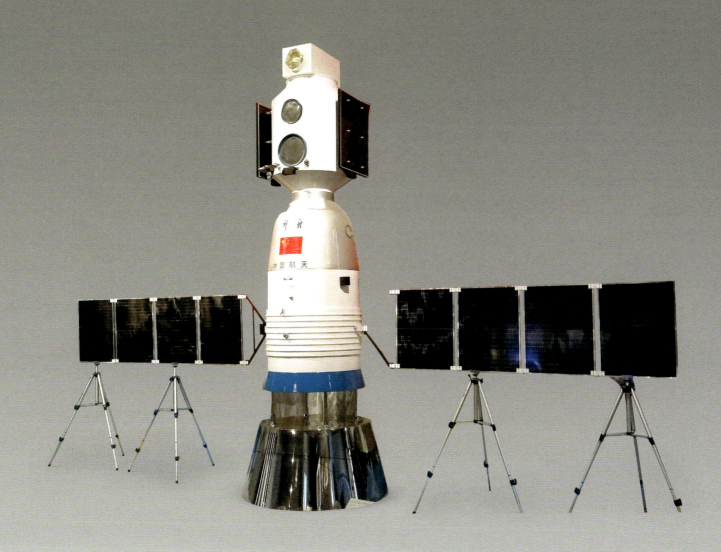

神舟五号载人飞船镀金模型（1:3）

中国国家博物馆藏

　　2003年10月，我国首次载人航天飞行取得圆满成功。飞船由返回舱、轨道舱、推进舱和附加段构成，由13个分系统组成，长8.86米，最大处直径2.8米，总重量7790千克，是中国自行研制、具有完全自主知识产权的载人飞船，达到或优于国际第三代载人飞船技术。

神舟五号载人飞船返回舱主降落伞

中国国家博物馆藏

　　神舟五号载人飞船返回舱下降到距地15千米时，主要靠降落伞减速。整个伞展开面积1200平方米，有半个足球场大小，由1900多块特殊材料织成的布块连接而成，薄如蝉翼，重量仅仅90多千克，却非常结实。伞筋可以耐住100℃以上的高温。一旦落水还能充当浮筏。

神舟五号载人飞船返回舱烧蚀底碎片

中国国家博物馆藏

返回舱是宇航员往返太空时搭乘的交通工具，返回进入大气层时，与大气产生剧烈摩擦，在舱体表面产生数千度的高温。神舟五号载人飞船返回舱表面涂有一层被称为"烧蚀层"的物质，遇高温会熔化和汽化，吸收大量的热，保证飞船返回大气层时不会因温度过高而损毁。这是神舟五号载人飞船返回舱烧蚀底碎片。

神舟六号载人飞船搭载的在南极点展示的国旗

中国国家博物馆藏

　　2005年10月12日至16日，我国航天员费俊龙、聂海胜乘坐神舟六号载人飞船，在太空绕地球运行76圈，实现了多人多天飞行并安全返回主着陆场。轨道舱留轨运行707天，开展了大量的科学实验，为长寿命空间飞行器的研制积累了经验。在神舟六号搭载的物品中，有一面极地考察国旗，是2005年2月我国极地科考队在南极点升起的国旗，国旗上有中国首次南极点考察团队员和神舟六号航天员费俊龙、聂海胜的签名。

神舟七号载人飞船搭载的丝绸版中国地图

中国国家博物馆藏

　　2008年9月，神舟七号载人航天飞行获得圆满成功，我国航天员首次实施空间出舱活动，完成多项技术试验。这是神舟七号搭载的丝绸版《中华人民共和国地图》。

◇ 中国探月工程 ◇

　　开展以月球探测为主的深空探测，是继成功研制和发射一系列应用卫星和突破载人航天技术后，中国航天活动的第三个里程碑。1998年中国探月工程开始规划论证并进行先期科技攻关，2004年绕月探测工程正式启动，命名为嫦娥工程。中国探月工程规划为绕、落、回三期，2021年2月成功完成月球表面采样返回。

嫦娥一号传回的第一幅月面图像

中国国家博物馆藏

　　2007年10月24日，嫦娥一号卫星从西昌卫星发射中心由长征三号甲运载火箭成功发射。11月26日，国家航天局正式公布嫦娥一号卫星传回的第一幅月面图像，标志着中国首次月球探测工程取得圆满成功。该图像由卫星搭载的CCD立体相机采用线阵推扫的方式获取，19轨图像制作而成，位于月表东经83度到东经57度，南纬70度到南纬54度，图幅宽约280千米，长约460千米。

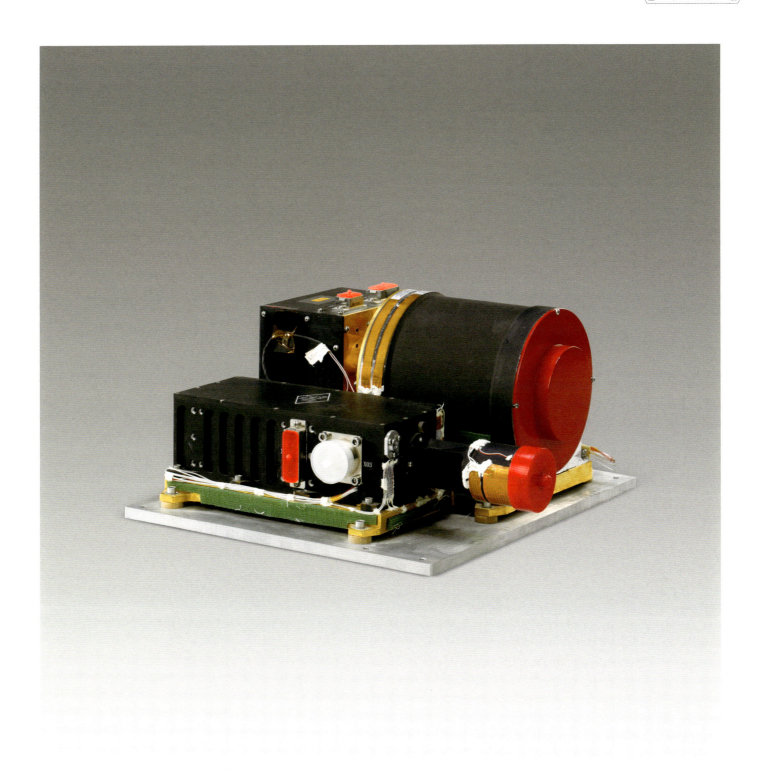

嫦娥一号搭载的激光高度计探头鉴定件实物

中国国家博物馆藏

该设备由中国科学院上海技术物理研究所和上海光学精
密机械研究所自主设计研制，由激光发射模块、激光接收模
块和信号处理模块三部分组成，与CCD立体相机相结合，获
取月球表面三维影像和地形高度数据。2007年10月28日，
激光高度计正式开启发出第一束激光，并接收到第一回波。

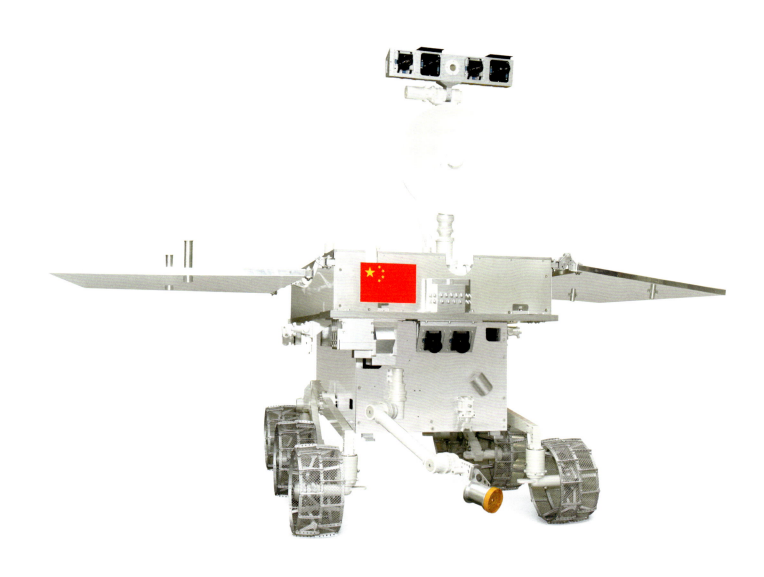

玉兔号月球车高仿真模型（1:1）

中国国家博物馆藏

　　玉兔号是中国首辆月球车，与着陆器共同组成嫦娥三号探测器。2013年12月2日，嫦娥三号探测器成功发射，12月15日着陆器与巡视器分离，玉兔号驶抵月球表面，在月球上留下第一个足迹，围绕嫦娥三号旋转拍照，并传回照片。2016年7月31日，玉兔号月球车工作972天后超额完成任务，停止工作。其设计质量140千克，能源为太阳能，能够耐受月球表面真空、强辐射、零下180摄氏度到零上150摄氏度极限温度等极端环境，具备20度爬坡、20厘米越障能力，并配备有全景相机、红外成像光谱仪、测月雷达、粒子激发X射线谱仪等科学探测仪器。

嫦娥四号月球探测器研制团队集体签名的试验队队旗

中国国家博物馆藏

　　2018年12月8日，嫦娥四号发射升空。2019年1月3日，自主着陆在月球背面，成功实现了人类首次月球背面软着陆和巡视勘察。2018年8月16日，嫦娥四号任务动员大会上，全体队员在队旗上郑重签名，立誓取得任务的圆满成功。此后，这面队旗伴随试验队队员进驻发射场和北京飞行控制中心，先后悬挂在测试厂房和飞控试验队工作间，鼓舞和见证了试验队员们满怀信心、精稳操作。

500 米口径球面射电望远镜（FAST）缩比模型核心
部件馈源舱

中国国家博物馆藏

500 米口径球面射电望远镜（FAST）被誉为"中国天眼"，2016 年 9 月在贵州省平塘县落成启用，是具有中国自主知识产权、世界最大单口径、最灵敏的射电望远镜。为验证相关创新技术，2009 年，中国科学院国家天文台在密云观测站建成了 30 米 FAST 缩比模型，演示、验证各项关键技术，为 FAST 原型的设计和建设提供重要借鉴经验和设计参考。图为该模型的核心部件馈源舱。

馈源是望远镜用来接收宇宙信号的装置系统，馈源舱用于安放这个系统。如果把 FAST 比作一只眼睛，那么馈源就相当于它的视网膜，所有收集到的宇宙信号都要汇集到这里。

FAST 馈源舱工作原理：通过控制 6 根钢索，带动重约 30 吨的馈源舱在直径为 207 米的球冠面上运动，这是一级控制。二级控制是在馈源舱底部，由 AB 轴控制，实现望远镜接收机的高精度定位。

嫦娥五号带回的月球样品

中国国家博物馆藏

　　2020年11月24日，嫦娥五号探测器在文昌航天发射场成功发射。经过地月转移、近月制动、两两分离、平稳落月、钻表取样、月面起飞、交会对接及样品转移、环月等待、月地转移，12月17日，嫦娥五号返回器携带月球样品成功着陆，任务获得圆满成功。嫦娥五号实现了首次地外天体采样与封装，首次地外天体起飞，首次月球轨道交会对接，首次携带样品高速再入地球，首次样品存储、分析和研究，标志我国具备了地月往返能力，实现了"绕、落、回"三步走规划完美收官，为我国未来月球与行星探测奠定了坚实基础。图为嫦娥五号探测器带回中国的首份无人采集的月球样品。

嫦娥五号探月宝玺（青白玉版）

中国国家博物馆藏

　　中国探月工程是国家重大科技专项标志性工程。为祝贺中国探月工程嫦娥五号任务实施，国家航天局探月与航天工程中心授权设计制作了嫦娥五号探月宝玺。以九天揽月为核心创意，以龙凤翘首捧月为主体造型，以玺基正面的圆月为连接，玺钮为一条盘卧的长龙、颔首抚月，玺基为一条翔凤、翘首盼月，龙凤环月代表地月交会互动，演绎了嫦娥五号落月、采样、返回地球的任务实施过程。

　　嫦娥五号探月宝玺选用和田玉，分为羊脂白玉、白玉、青白玉、碧玉与和青玉五个版本，此为青白玉版。

水磨坊（模型）　明代

屯溪磨坊出现在明代的皖南屯溪地区，是集磨、碾、砑干一体的综合性谷物加工场，磨坊中间竖有立式水轮，水流冲击水轮带动中轴，设设水轮、水碓、水磨同时工作，完成去壳、脱粒、碾压成粉等作名。

Water Mill (model)
Ming dynasty (1368-1644)

Tunxi Mill appeared in the Tunxi area of southern Anhui in the Ming dynasty. It was a comprehensive grain processing plant that integrated grinding, milling and pestling. There is a vertical water wheel in the middle of the mill. The water flow impacts the water wheel to drive the central shaft to push the water-powered roller, water-powered roller and water-powered trip-hammer to work simultaneously to hull, thresh and mill.

500米口径球面射电望远镜（FAST）缩比模型核心部件馈源舱

500米口径球面射电望远镜（FAST）被誉为"中国天眼"，2016年9月在贵州省平塘县落成启用，是具有中国自主知识产权、世界最大单口径、最灵敏的射电望远镜。为验证相关制造技术，2009年，中国科学院国家天文台在密云观测站建立了30米 FAST 缩比模型，演示、验证设备导向技术，为 FAST 原型的设计和建设提供重要经验参考。这是该模型的核心部件馈源舱。

Feed Cabin of FAST (scale model)

The five-hundred-meter aperture spherical radio telescope (FAST) is the world's largest single-aperture and most sensitive radio telescope with independent intellectual property rights. It began to operate in September 2016 in Pingtang, a county in southwest China's Guizhou province. In 2009, the National Astronomical Observatories of the Chinese Academy of Sciences built a 30-meter scale model of FAST at an observation station in Beijing's Miyun district. The model is used to demonstrate and verify key technologies and as an important reference for the design and construction of FAST. On display is a core component of the model, the feed cabin.

结束语

　　科技兴则民族兴，科技强则国家强。在绵延5000多年的文明发展进程中，中华民族创造了举世闻名的科技成就，也经历了近代以后屡次与科技革命失之交臂的深重苦难。新中国成立特别是改革开放以来，我国科技创新取得举世瞩目的伟大成就。从"向科学进军"到"科学技术是第一生产力"，从实施科教兴国战略到建设创新型国家，从全面实施创新驱动发展战略到建设世界科技强国，我国的科技实力正在从量的积累迈向质的飞跃、从点的突破迈向系统能力提升。

　　站在世界新一轮科技革命和产业变革同我国转变发展方式的历史性交汇期，科技创新正在加速推进，并广泛渗透到人类社会的各个方面，成为重塑世界格局、创造人类未来的主导力量。科学技术从来没有像今天这样深刻影响着国家前途命运，从来没有像今天这样深刻影响着人民生活福祉。中国国家博物馆将继续收藏和展示好反映科技发展的代表性物证，引领广大观众深入了解科技发展的蓬勃伟力，不断增强文化自信，为实现中华民族伟大复兴汇聚磅礴力量。

图书在版编目（CIP）数据

科技的力量 / 高政主编 . -- 北京 : 北京时代华文书局 , 2024.7
ISBN 978-7-5699-5457-9

Ⅰ . ①科… Ⅱ . ①高… Ⅲ . ①科学技术－技术史－中国 Ⅳ . ① N092

中国国家版本馆 CIP 数据核字 (2024) 第 102961 号

Keji de Liliang

出 版 人：陈　涛
项目统筹：余　玲
责任编辑：张正萌
执行编辑：田思圆
责任校对：陈冬梅
装帧设计：王宇洁　李　磊
责任印刷：刘　银

出版发行：北京时代华文书局 http://www.bjsdsj.com.cn
　　　　　北京市东城区安定门外大街 138 号皇城国际大厦 A 座 8 层
　　　　　邮编：100011　电话：010-64263661 64261528
印　　刷：北京雅昌艺术印刷有限公司
开　　本：965 mm×1270 mm　1/16　　成品尺寸：235 mm×305 mm
印　　张：20.25　　　　　　　　　　字　　数：396 千字
版　　次：2024 年 7 月第 1 版　　　印　　次：2024 年 7 月第 1 次印刷
定　　价：580.00 元